AF464680

VOYAGE

DU

COMTE DUPRAT

DANS L'INDE,

ÉCRIT PAR LUI-MÊME.

A LONDRES.

M. DCC. LXXX.

VOYAGE
DU
COMTE DUPRAT
DANS L'INDE,
ÉCRIT PAR LUI-MÊME.

QUi veut fortement le bien, a communément le bonheur de le faire; mais n'eſt pas toujours éloquent qui le voudroit: ainſi ce n'eſt point par l'éloquence que je prétends captiver l'attention des lecteurs, mais par le ſimple expoſé de mes travaux militaires que je deſire y parvenir. C'eſt à vous, mon

Roi; c'eſt à vous, ma Patrie, que je rends compte de ce que j'ai fait: le voici.

J'obtins, ſur la fin de 1772, la commiſſion de Colonel, & des proviſions pour aller dans l'Inde commander à Mahé, ſur la côte de Malabar. Je partis de l'Orient ſur le vaiſſeau le *Gange*: le 28 Mars 1773, j'arrivai à Pondichery ſans avoir relâché; le 13 Août ſuivant, & le 19 Novembre de la même année 1773, à Mahé, ſur le vaiſſeau du Roi la *Fortune*, après les plus heureuſes traverſées.

Dès que je fus inſtruit de ma deſtination, je m'occupai ſans ceſſe à prendre des renſeignements ſur l'Inde en général, & ſur Mahé en particulier. Tout le monde me diſoit à Paris, à l'Orient, à Pondichery même, que ce petit comptoir n'étoit abſolument rien; que l'on n'y feroit jamais rien: tout cela ne faifoit qu'augmenter le desir que j'avois d'y arriver bientôt. J'avois une espece de joie de rencontrer beaucoup de difficultés à vaincre : une ame commune aura de la peine à le croire ; mais j'ai pour moi le témoignage de ma conscience & de ceux qui m'ont vu opérer. Les choses ordinaires ne sauroient me plaire, & du moins j'ai eu le mérite de ce que j'ai fait, puisqu'on croyoit que l'on ne pouvoit rien faire où j'étois envoyé.

Pendant deux mois de séjour à Pondichery, j'étudiai beaucoup le caractere des Indiens. C'est un peuple doux, timide, facile à tromper, quoique méfiant ; inconséquent, peu actif, fort ignorant dans l'art de la guerre, se croyant toujours battu dès qu'il est attaqué ; ce qui fait qu'il se défend mal. J'observai très-exactement les Anglois ; je voyois qu'ils y faisoient les plus grandes choſes ſans employer de grands moyens; je voyois auſſi qu'ils étoient déteſtés, quoiqu'on me dît chaque jour qu'ils étoient nos maîtres; à quoi je répondois qu'il étoit bien dur d'en convenir, & que je croyois, au contraire, qu'avec des vertus nous pourrions parvenir à nous faire aimer plus qu'ils ne l'étoient. Je crus donc qu'il falloit de grands exemples pour convaincre, & non pas des mémoires envoyés en Cour, attendu qu'on auroit pu dire qu'il n'étoit pas poſſible que je connuſſe mieux l'Inde en y arrivant que ceux qui y étoient depuis long-temps, qui écrivoient tous les jours qu'on ne feroit rien dans ce pays-là qu'avec beaucoup d'argent. Pour moi, j'étois très-perſuadé que la bonne foi feroit plus que l'or dans un pays où il abonde: partant de ce principe, je formai le projet de ſoumettre un empire à la France ; je l'ai ſoumis (1).

J'arrive enfin à Mahé ; je cherche à connoître les uſages, les coutumes, les mœurs des gens que j'allois commander ; je les connois bientôt. Je vois les Princes ; je m'informe de la politique qui regne chez eux, quel eſt leur génie, quelles ſont leurs forces, leurs richeſſes, quels ſont ceux qui ſont en guerre, & comment ils la font. Je trouve beaucoup d'hommes portant des fuſils, mais je ne vois pas un ſoldat ; je vois des gens que l'on dit être leurs chefs, je ne trouve point de capitaine.

Une armée de quarante mille hom-

(1) Il eſt bon d'obſerver que les Anglois prirent le Tanjaour pendant que j'étois à Pondichery ; c'étoit de ce royaume que nous tirions le riz ; & par là ils nous faiſoient une guerre indirecte. Ils n'étoient pas plus en droit que nous de faire des conquêtes.

mes vient pour détrôner un Roi qui peut en oppoſer cent mille ; elle ne trouve aucune réſiſtance, quoiqu'elle ait à paſſer des chemins impraticables, des montagnes & des rivieres.

Pour le paſſage de ces rivieres, une armée a douze ou quinze bateaux, contenant chacun une douzaine de perſonnes (on ignore l'uſage des pontons) ; le paſſage ſe fait ſans le moindre obſtacle ; la terreur paſſant la premiere met tout le monde en fuite. Voilà le grand Eider-ali-kan, que cinquante grenadiers & quatre pieces de canon pourroient arrêter.

Ce conquérant eſt, dit-on, notre ami : je ſais bien que c'eſt nous qui l'avons fait ce qu'il eſt ; il a même encore un détachement François à ſon ſervice ; mais je ne vois pas comment il eſt notre ami : je ſais, au contraire, qu'il a fait un trait d'ennemi, ou du moins de quelqu'un qui ose mépriser souverainement la Nation.

Il vint en 1766 pour détrôner, & détrôna le Roi de Cartenatte, notre allié, chez qui nous sommes à Mahé, & dont les traités, qui nous permettent d'y former un établissement, n'ont eu lieu qu'en vertu de la promesse faite que nous le défendrions envers & contre tous. Cependant ce Prince est détrôné; bien plus: il ne trouve point d'asyle à Mahé; & son usurpateur a l'insolence d'y venir lui-même visiter par-tout, même au gouvernement, en présence du gouverneur, sur des soupçons que les François ont retiré sa famille & ses trésors. Il en fait de même à Calicut. J'avoue qu'il ne l'eût pas osé si j'y eusse commandé.

Calicut est le royaume le plus considérable de la côte de Malabar; le Souverain s'appelle *Samorin*, ce qui revient au titre d'*Empereur*. Nous avons avec ce Prince un traité d'alliance, & dans sa ville capitale une loge ou comptoir, avec droit de pavillon.

Ce malheureux Prince, qui n'est pas plus brave, ni plus habile que le roi de Cartenatte, est consterné de voir l'armée d'Eider-ali-kan venir dans ses états pour y lever des contributions énormes, détruire sa famille & tous les *Naïrs* (qui sont les Nobles du pays), son projet étant de changer absolument la constitution de cet empire. Il doit aussi venir à Cartenatte chez tous les Princes nos voisins, nos amis & alliés.

Son armée, campée depuis trois mois, n'avoit encore rien opéré : les Princes qui la voyoient venir, n'avoient rien fait pour se défendre ; ce qui me prouva que le vainqueur & les vaincus étoient tous des misérables, & qu'il seroit très-facile de tirer bon parti de ces guerriers, cependant avec beaucoup de générosité.

Comme j'avois fort à cœur de rendre ma colonie considérable, de faire le bien de la France, en contribuant au bonheur de ces gens-là ; que d'ailleurs il étoit dit dans mes instructions, que j'avois l'honneur & les intérêts de la Nation à maintenir dans cette partie de l'Inde, & que la loge que nous avions à Calicut étoit susceptible de devenir considérable, soit pour le politique, soit pour le commerce, je saisis l'occasion que je crus favorable à mon projet : en conséquence, j'écrivis au Samorin.

Je dois prévenir le lecteur que le style Malabare doit être très-laconique ; on n'y connoît point les mots de *Respect*, *Honneur*, *Majesté*, &c. D'ailleurs, les interpretes donnent à chacun les qualités qui lui appartiennent, ce qui seroit très-difficile à rendre en François. On m'a dit ſeulement que le titre d'*Alteſſe* étoit le plus éminent que l'on pût donner.

LETTRE AU SAMORIN.

Mahé, le 27 Décembre 1773.

» Ne pouvant exprimer à Votre » Alteſſe à quel point ſes intérêts me » ſont chers, & deſirant l'en bien » convaincre, j'envoie auprès d'elle « Changarem-panicaré pour lui par- » ler, de ma part, ſur les affaires » actuelles, &c «.

INSTRUCTIONS DONNÉES A CHANGAREM-PANICARÉ.

» Changarem-panicaré, vous vous » rendrez auprès du Samorin; vous » lui direz que le Roi de France eſt » le plus grand des Rois; qu'il eſt » généreux, magnanime, fidele dans » ſes traités, & qu'il ſe plaît ſur- » tout à protéger les Princes infor- » tunés.

» Aſſurez-le que toute mon ambi-
» tion fut toujours de faire des heu-
» reux ; que ce n'eſt même que par
» ceux que je ferai que j'aurai rem-
» pli les intentions de Sa Majeſté.
» Repréſentez-lui la triſte ſituation
» où il ſe trouve, abandonné de ſes
» ſujets, & pourſuivi par des enne-
» mis cruels qui lui font la guerre la
» plus injuſte.

» Dites-lui qu'autrefois les Romains
» protégeoient des Rois qui ne ceſ-
» ſoient pourtant pas de l'être ; mais
» que ne pouvant ſe maintenir par
» leurs propres forces, ils ſe met-
» toient ſous la protection d'une Puiſ-
» ſance dans ce temps-là maîtreſſe
» du monde.

» Je lui offre de le recevoir ſous
» celle de la France, à des condi-
» tions qui ne lui ſeront point oné-
» reuſes, & qui le mettront à l'abri
» de toute inſulte. Engagez-le à ſou-

» mettre tous ſes états à ce grand
» Roi, qui n'exige que la gloire
» d'être ſon protecteur.

» Vous lui ferez entendre que na-
» turellement il doit fournir aux dé-
» penſes indiſpenſables; que, par con-
» ſéquent, il eſt de toute juſtice qu'il
» paie un certain tribut pour l'en-
» tretien des troupes qui le défen-
» dront; pour élever des fortifica-
» tions ou faire enfin tout ce qui ſe-
» roit néceſſaire pour mettre ſon
» royaume à l'abri des incurſions de
» ſes ennemis «.

Cet ambaſſadeur partit. Peu de jours après, Samorin m'écrivit.

Réponse du Samorin,

Reçue à Mahé, le 31 Décembre 1773.

» J'ai reçu par Changarem la let-
» tre que vous m'avez adreſſée; j'en
» ai compris le contenu. Sitiniyaſ-

» ſeran eſt venu avec ſon armée à
» Mangara, où il a commis des hoſ-
» tilités contre mes troupes, qui ſe
» ſont retirées dudit fort. Le ſecond
» Roi (1) les a conduites à Cheron-
» cotte, d'où il a envoyé pour trai-
» ter de paix. L'armée eſt encore à
» Mangara; elle envoie des détache-
» ments du côté de l'oueſt, plan-
» tant des pavillons. J'ai la certitude
» qu'elle a deſſein de venir juſqu'à
» Panane; c'eſt pourquoi je vous prie
» d'écrire dans les termes les plus
» précis à Sirinivaſſeran, au Kili-
» dar (2), & à toutes autres perſon-
» nes qu'il appartiendra pour qu'on
» faſſe la paix avec moi, ou bien
» envoyez à l'armée pour cet effet
» deux perſonnes de votre part. Si

(1) C'eſt-à-dire, l'héritier préſomptif de la couronne.

(2) C'eſt un chef.

» vous voulez écrire, envoyez votre
» lettre par Changarem, & par deux
» autres hommes de chapeaux (1),
» de façon qu'ils arrivent ici le
» 19 du mois de Janvier, vers mi-
« di. Nous n'aurons pas le temps
» de parler d'affaires, si l'armée pé-
» netre toujours; ainsi faites en sorte
» qu'elle ne sorte pas de Mangara.
» J'ai compris tout ce que vous m'a-
» vez fait dire par Changarem. Lorsf-
» qu'il reviendra près de moi, je
» vous enverrai mes confidents pour
» vous parler. En attendant, je l'ai
» expédié, afin de vous dire très-se-
» crétement quelque chose de ma
» part. Quand vous vous serez dé-
» cidé sur ce sujet, renvoyez-moi
» votre réponse. Je souhaite que l'a-
» mitié qui regne entre notre état
» & la France s'augmente tou-
» jours, &c «.

(1) Il veut dire des personnes d'une certaine considération.

Le Samorin me fit dire que ſi le Roi de France vouloit le prendre ſous ſa protection, & lui donner des ſecours contre ſes ennemis, il lui permettroit de bâtir deux forts dans quelque endroit convenu de ſes états ; qu'il fixeroit à chacun des limites, & qu'enfin il paieroit un certain tribut.

Il demandoit auſſi que, dans ces temps malheureux, on le reçût à Mahé avec toute ſa famille.

Au Samorin.

Mahé, le 31 Décembre 1773.

» Je ſuis très-empreſſé de répon-
» dre à votre lettre, que je reçois
» dans l'inſtant ; ſoyez bien convain-
» cu du deſir que j'aurois de vous
» rendre ſervice. Ainſi, dans ce mo-
» ment où vous me paroiſſez ſi vive-
» ment preſſé par vos ennemis, je
» vous offre de vous recevoir, avec

» votre famille, dans ma maiſon.
» Vous pouvez y mener auſſi cin-
» quante hommes pour votre garde,
» & les domeſtiques qui vous ſeront
» néceſſaires. Vous pouvez porter
» vos tréſors avec vous, vous aſſu-
» rant que tout reſtera ſous votre
» garde, & dans la plus grande sû-
» reté. Je penſe que dans la circonſ-
» tance actuelle vous n'avez rien de
» mieux à faire. Si la choſe vous con-
» vient, renvoyez ſur le champ, &
» tenez-vous prêt à partir; je vous
» enverrai les chaloupes néceſſaires,
» ſous bonne eſcorte & pavillon
» François.

» Laiſſez dans votre royaume les
» chefs que vous croirez les plus ha-
» biles pour le défendre; & lorſque
» vous ſerez ici avec vos richeſſes,
» il vous ſera bien plus facile de
» traiter avec le Nabab, que je ſol-
» liciterai de toutes mes forces pour

tâcher

» tâcher de vous obtenir une paix
» avantageuſe. Je prie le Seigneur
» d'exaucer les vœux ſinceres que
» je fais pour vous, &c «.

Je renvoyai Changarem-Panicaré vers le Samorin, & le chargeai de lui dire qu'il étoit inutile d'offrir une partie de ſes états, s'il ne les ſoumettoit tous, attendu que je ne pourrois le défendre légitimement que dans les limites appartenantes à la France; qu'ainſi il n'avoit rien de mieux à faire que d'adhérer à mes propoſitions.

Je lui dis encore d'aſſurer ce Prince, quelque événement qu'il arrivât, qu'il acceptât ou refuſât ce que je lui demandois, que je lui offrois toujours un aſyle à Mahé, ſans autre intérêt que la ſatisfaction de l'avoir ſervi; qu'en cela je ſeconderois les vœux du Roi de France & de ſon miniſtre.

Je lui envoyai la copie des lettres que j'écrivois en sa faveur à Eider-ali-kan, & à M. Russel, commandant un détachement François au service de ce Nabab, afin de lui faire obtenir une paix avantageuse.

Le Samorin m'avoit fait dire qu'il étoit tout prêt à payer le tribut auquel il s'étoit soumis, mais qu'Eider-ali-kan, à qui il le devoit, étoit convenu dans le traité qu'il avoit fait avec lui, de lui rendre tous ses états; que cependant il en retenoit encore une partie; que, par conséquent, il étoit juste de faire entrer en compensation les revenus de ces terres qui n'étoient pas restituées, & qu'il offroit le surplus; ce qui me fit écrire les deux lettres suivantes.

A EIDER-ALI-KAN.

Mahé, le 31 Décembre 1773.

» Par la lettre que vous m'avez

» écrite (1), il m'a paru que vous » étiez ami ſincere : vous êtes con- » quérant ; je vous regarde comme » le plus grand homme ; ces deux » titres glorieux ont ſur moi le plus » grand empire ; mais une autre » grande vertu, c'eſt celle de tenir » ſa parole «.

» Vous avez vaincu le Samorin » de Calicut ; il s'eſt ſoumis à un » tribut, il eſt vrai, mais à con- » dition que vous lui rendriez ſes » états : cependant vous en retenez » une partie, & vous voulez le for- » cer à remplir ſes engagements. » Vous êtes trop juſte, Prince, pour » ne pas écouter des repréſentations » à ce ſujet. Souffrez donc que je » vous demande de la part du Roi

(1) Il m'avoit écrit une lettre remplie de proteſtations d'amitié quelques jours auparavant, en réponſe à celle que je lui avois adreſſée pour lui annoncer mon arrivée à Mahé.

» de France, qui vous regarde
» comme son allié, de vouloir bien
» suspendre pour un temps vos expé-
» ditions militaires contre un Prin-
» ce infortuné. Je tâcherai, & j'es-
» pere de vous faire donner ce
» qui sera juste, & vous prierai,
» comme ami, de vouloir bien lui
» accorder une paix qui seroit ho-
» norable pour tous les deux. Je
» ne vous demande qu'un peu de
» temps; mais pendant ce temps-là,
» accordez-moi une suspension d'ar-
» mes, afin de pouvoir entrer en
» négociation. Je prierai le Seigneur
» de bénir vos entreprises, &c «.

A M. Russel.

Mahé, le 31 Décembre 1775.

» J'ai l'honneur de vous envoyer,
» Monsieur, la copie d'une lettre
» que j'écris à Eider-ali-kan, en fa-
» veur du Samorin de Calicut; c'est

» un Prince malheureux qui récla-
» me la protection de la France. Je
» vous prie de faire tous vos efforts
» auprès du Nabab, pour qu'il lui
» devienne favorable, l'assurant que
» j'espere trouver des moyens non
» équivoques pour lui prouver toute
» ma reconnoissance. Représentez-
» lui qu'il n'y perdra rien; on lui
» payera le tribut qui lui est dû; &
» il aura la gloire d'avoir accordé
» la paix à un Prince que la Nation
» protege, & qui le sollicite pour
» cela, &c «.

Je reçus la réponse du Samorin le 4 Janvier 1774; il m'accusa la réception de ma lettre, & me marqua qu'il avoit fait revenir sa mere avec toute sa famille à Panane, & que dans le cas où il se trouveroit plus pressé par ses ennemis, il accepteroit avec plaisir l'offre que je lui faisois de se refugier à Mahé. Il me prioit d'écrire à Sirini-Vaſſaran, afin de l'engager de ſortir de ſon pays, & me dépêcha deux de ſes miniſtres, avec mon envoyé qui étoit auprès de lui. Ils me dirent qu'il conſentoit toujours à payer un certain tribut, & vouloit bien permettre qu'on élevât deux forts dans ſon royaume, ce qui avoit été déjà propoſé.

Je leur répondis que je ne pouvois abſolument conſentir à cet arrangement; que la France étant alliée du Nabab, je ne pourrois le défendre dans tous ſes états, lorſque je n'en poſſéderois qu'une partie; mais que s'il ſoumettoit tout ſon pays, je ſerois alors fondé à le protéger par-tout, n'y ayant rien de ſi naturel que d'accepter une couronne, & que de ce moment-là le Roi de France regarderoit les états du Samorin comme une province qui lui appartenoit ; que c'étoit le ſeul moyen d'acquérir la tranquillité ; que dans l'inſtant de la ceſſion, je ferois planter par-tout des pavillons qui certainement ſeroient reſpectés, ne pouvant les inſulter ſans avoir la guerre avec la France, ce qu'Eider-ali-kan ſe garderoit bien de faire.

Je leur dis que ce guerrier avoit à ſon ſervice un détachement François qui ſeroit contre lui dès l'inſtant qu'il ſe déclareroit contre nous ; qu'enfin c'étoient des raiſons pour le contenir, & gagner du temps afin de pouvoir faire une paix avantageuſe.

Ces miniſtres me parurent goûter mes raiſons. Je leur dis encore, leur donnant à peu près un projet du traité, que tout ce que je propoſois n'étoit que pour leur avantage, tout tendant à défendre leur empire. Ils furent très-ſatisfaits, & me dirent de renvoyer vers le Samorin, qui étoit actuellement à Calicut avec toute sa famille; que tous les chefs du peuple y étoient assemblés dans la confiance qu'ils avoient en moi, & que c'étoit le moment de tout terminer. Ils me demanderent de renvoyer le même ambassadeur qui avoit commencé cette négociation, avec mes deux interpretes, Jean dos Sanctos & François Theixeira, tous deux fort intelligents, & qui, dans cette occasion, ont fait voir le plus grand zele : aussi j'espere que le ministre voudra bien les récompenser, & se souvenir de la façon dont ils ont toujours servi la Nation.

Je les fis tous partir, leur recommandant toujours de faire bien sentir à ces Princes & Chefs, que tout mon objet étoit la gloire de secourir des opprimés.

Dès qu'ils furent arrivés à Calicut, ils allerent demander audience au Samorin, qui les remit au lendemain. Après des conférences bien longues, la séance se termina, faisant toujours les mêmes propositions de payer tribut ; & de permettre de construire deux forts dans son pays; ce qui étoit, disoit-il, se soumettre à la France. Mais sur les représentations qu'on lui fit, qu'il n'étoit pas possible de le protéger, qu'il ne soumît le tout, il les renvoya encore au lendemain ; c'est ce qu'ils m'écrivirent.

Je reçus le même jour une seconde lettre, que je rapporte en entier.

Calicut, le 9 Janvier 1774.

MONSIEUR,

» Dans l'instant, six heures du
» soir, un des ministres & princi-

» paux chefs de cet état vient de
» nous affirmer que le Roi, la Fa-
» mille Royale, & tout le peuple
» veulent, ſans aucune difficulté,
» mettre entiérement le royaume
» du Samorin ſous la protection de
» la France, avec ample conſente-
» ment de faire des ports, & d'éle-
» ver des fortifications où le Roi
» jugera néceſſaire pour la défenſe
» deſdits états, & qu'en outre le
» Samorin lui payeroit annuellement
» un tribut qui ſerviroit à l'entretien
» des troupes nationales & de celles
» de France; qu'en conſéquence de
» cette ceſſion, le Samorin deſire
» que vous envoyiez du monde
» pour planter des pavillons dans
» tous ſes états, afin que ſes enne-
» mis ne puiſſent plus avoir le droit
» d'y entrer. Demain, conformé-
» ment à la demande du Prince,
» nous nous rendrons à ſept heures

» du matin à ſon palais, où nous lui » montrerons le traité en queſtion, » que le miniſtre nous aſſure qu'il » ſignera aveuglément. Cependant » nous nous propoſons de vous faire » part par un exprès, du réſultat » de ce que nous aurons fait de- » main à l'avantage de Sa Majeſté, » & pour le bien du Samorin, con- » formément à vos ordres. Nous » vous prions avec inſtance de ré- » pondre ſéparément à nos différen- » tes lettres, nous preſcrivant ce » que nous devons faire.

» Deux Princes de la maiſon du » Samorin viennent d'arriver ici. » La cavalerie du Nabab pénetre » toujours; elle vient de temps à » autre à Panane, où un autre des » Princes, auſſi de la maiſon du Sa- » morin, eſt encore, &c.

Cette ſeconde lettre parvint avant la premiere; j'y répondis ſur le champ.

Mahé, le 10 Janvier 1774.

» Je reçois dans l'inſtant votre
» lettre, à laquelle je m'empreſſe de
» répondre. Je ſuis fort aiſe de voir
» le Samorin & ſes ſujets diſpoſés
» à ſoumettre tout le royaume de
» Calicut au Roi de France. Vous
» avez le traité que j'ai propoſé ;
» traduiſez-le en langue Malabare,
» & écrivez-le ſur de bon pa-
» pier (1), ſur deux colonnes, le
» François d'un côté, & le Malabar
» de l'autre ; faites-le ſigner ſur les
» deux par le Roi, la Famille Roya-
» le, les miniſtres & les principaux
» chefs de la nation ; puis je le
» ſignerai. Vous ferez enſuite plan-
» ter des pavillons, que vous ferez
» garder par les Cipayes que vous
» avez ; & vous reviendrez à Ma-

---

(1) C'eſt que dans ce pays-là on en fait qui ne vaut rien.

» hé, afin que je diſpoſe tout pour
» voler à ſon ſecours. Dites au Sa-
» morin qu'il peut venir, en atten-
» dant, avec toute ſa famille & ſes
» tréſors, ſe refugier chez moi. Di-
» tes-lui auſſi de tenir ſes troupes
» ſous les armes dans les meilleurs
» poſtes, pour faire aſſez de réſiſ-
» tance juſqu'à ce que je puiſſe y
» arriver, &c «.

Voici la réponſe que je fis à la premiere lettre, que je ne reçus qu'après la ſeconde.

Mahé, le 10 *Janvier* 1774.

» Je reçois dans le moment, trois
» heures après-midi, votre lettre,
» qui auroit dû me parvenir la pre-
» miere; j'y réponds ſur le champ,
» ainſi que j'ai fait ce matin à celle
» que vous m'avez écrite. Je vois
» avec plaiſir que vous vous con-
» duiſez dans ce que je vous ai

» prescrit, avec toute l'intelligence
» nécessaire à cette grande affaire ;
» mais je vous exhorte à redoubler
» de zele auprès du Samorin, qui
» convient de soumettre tout son
» empire par ce qu'il propose ; par
» conséquent, il ne doit pas hésiter
» à faire ce que porte le traité ; &
» dites-lui que ce n'est qu'à ces
» conditions que la France peut,
» avec raison, le défendre contre
» ses ennemis, puisque de tous les
» temps Eider-ali-kan est notre al-
» lié, & qu'il n'auroit des égards
» à mes représentations que pour
» les endroits concédés (1), au lieu

(1) Je sentois fort bien que le Samorin avoit raison de dire que je lui devois protection pour tout son royaume, quoiqu'il n'en cédât qu'une partie ; mais je n'étois pas assez fort pour résister à Eider-ali-kan, tout injuste qu'il étoit ; ainsi je voulois, en le ménageant, faire le bien de la nation, & lui soumettre tout un empire ;

» que s'il ſoumet le tout, il ſera
» par-tout défendu par la nation
» Françoiſe, qui fera dans peu ve-
» nir des forces des Isles de Fran-
» ce, & qu'enfin il en ſera plus
» heureux & plus Roi qu'il ne l'eſt;
» d'ailleurs, il ſe trouvera par-là à
» même de rentrer dans les pays
» qu'il a déjà perdus. Dites-lui auſſi
» que dès qu'il aura ſigné le traité,
» j'irai moi-même à ſon ſecours, à
» la tête d'un fort détachement de
» ma garniſon; je porterai des ar-
» mes & des munitions de guerre
» avec moi. Je ferai ſur le champ
» une levée de deux ou trois mille

---

afin même de ne me donner aucun tort, & d'engager ce conquérant à rentrer auſſi dans ſon devoir, ne faiſant point la guerre à nos alliés, puiſqu'il ſe diſoit notre ami, & qu'il nous devoit ſon exiſtence; il n'auroit même jamais dû l'attaquer, puiſqu'il étoit notre allié avant qu'il exiſtât.

» bons Cipayes que l'on m'a promis, » & que je trouverai bientôt. Ain» ſi, continuez à travailler pour le » décider ; faites-lui ſentir combien » ce que je lui propoſe eſt avanta» geux pour lui, & que peut-être » s'il differe encore, je ne pourrai » le ſervir : s'il ne ſe décide tout » de ſuite, revenez, &c «.

AUTRE LETTRE DES ENVOYÉS.

Calicut, le 10 *Janvier* 1774, *à une heure après-midi.*

MONSIEUR,

» Ce matin nous avons été au » palais, où, après bien des confé» rences, tous les Princes & Chefs » du peuple ſe ſont déterminés à » ſe conformer à tout ce que vous » leur avez propoſé par notre ca» nal. Ci-jointe eſt la traduction de » la lettre que le Samorin vous écrit,

» écrit, par laquelle il vous promet
» de ſigner le traité que nous lui
» avons montré de votre part ; il
» nous a aſſuré qu'il ne veut y rien
» changer, & vous attend ici avec
» impatience. Puiſqu'il conſent à
» tout, nous regardons cet état
» comme déjà ſoumis entiérement à
» la France «.

» Si vous vous décidez, Monſieur,
» à venir ici, faites-nous en part
» ſans délai, & ſur le champ nous
» nous rendrons auprès de vous. Le
» Samorin ne veut abſolument pas
» que nous partions qu'après que
» vous nous aurez aſſuré que vous
» viendrez à Calicut pour prendre
» poſſeſſion de ſon royaume, &
» y planter le pavillon du Roi, le
» plutôt poſſible, afin que ſes enne-
» mis ſe retirent «.

» L'armée du Nabab avance tou-
» jours, s'emparant des endroits ſans

» coup férir. Un des Princes est en» core à Vinguetta, côte à douze » lieues de Calicut. Nous attendons » avec impatience votre réponse » pour rassurer le Samorin, &c.

LETTRE DU SAMORIN,

Reçue à Mahé, le 11 Janvier 1774.

» Les interpretes que vous m'avez » envoyés ici, m'ont communiqué » toutes les affaires, & ils vous ont » fait part de ma réponse : je me » suis déterminé à me conformer » au contenu des traités que vous » m'avez fait voir. Je vous prie de » faire retirer mes ennemis; & pour » cet effet, je mets ma confiance » en la personne du Roi de France. » Venez donc vous-même avec vos » troupes blanches & noires, muni » de pavillons, & autres choses né» cessaires. Je desirerois que vous » vous rendissiez ici aujourd'hui mê-

» me : je ne ferai aucune difficulté de
» signer le traité aussi-tôt après votre
» arrivée. Je vous prie de m'accor-
» der votre bienveillance pour tout
» ce qui concerne mes intérêts «.

» Sirini Vasseran est arrivé avec
» son corps à Panane, d'où il pous-
» sera sa marche du côté du Nord «.

» Je vous prie de faire en sorte
» d'augmenter de jour en jour la
» bonne union qui regne entre no-
» tre état & le Roi de France.

MA RÉPONSE AUX ENVOYÉS.

Mahé, le 11 Janvier 1774, à trois heures du matin.

» Je vois avec plaisir l'intelligence
» avec laquelle vous avez conduit
» cette grande affaire ; mais il faut
» la finir. Vous sentez que je me com-
» promettrois si je partois d'ici avant
» que le traité fût signé, attendu
» que si la Famille Royale venoit à

» s'en dédire lorſque je ſerois à Ca-
» licut, je ſerois blâmé de toutes
» parts d'avoir ainſi donné au ha-
» ſard, & je ne pourrois en rien me
» juſtifier ; ce ſeroit, au contraire,
» un motif pour que le Nabab rom-
» pît avec moi ; mais quand il s'agi-
» ra d'aller prendre poſſeſſion d'un
» royaume ſoumis au Roi de Fran-
» ce, tout me ſera permis «.

» En attendant que vous ayez
» fini, je diſpoſe tout pour partir ;
» ainſi faites ſigner le traité dès ma
» lettre reçue, & faites planter des
» pavillons François ; il vous ſera fa-
» cile de faire coudre des morceaux
» de toile blanche, en attendant
» qu'on puiſſe en mettre en regle «.

» Je vous envoie quatre autres Ci-
» payes pour augmenter le nombre
» des pavillons & des gardiens que
» vous y mettrez avec des gens du
» pays «.

» Si-tôt votre affaire finie, en-
» voyez vers moi en toute diligen-
» ce. Vous m'enverrez aussi, ou di-
» tes au Samorin de m'envoyer quel-
» ques embarquations, afin que je
» puisse partir sur le champ avec
» mon détachement. Je vous envoie
» ma réponse pour le Prince, & suis
» tout à vous, vous assurant que,
» dans le cas du succès, je ferai con-
» noître vos services & ceux du To-
» paye «.

AU SAMORIN.

Mahé, le 11 Janvier 1774, à trois heures & demie du matin.

» Je vois avec plaisir, Prince, que
» vous soumettez enfin vos états au
» Roi de France. Soyez sûr qu'il
» n'en abusera jamais, & que sa plus
» grande gloire sera de vous proté-
» ger : tel est son caractere. Mais je
» ne puis venir moi-même à votre

» ſecours que vous n'ayez achevé
» votre ouvrage : ainſi, ſignez le trai-
» té, & dans l'inſtant je me rendrai
» à Calicut, afin de vous aſſurer de
» vive voix que c'eſt pour toujours
» que Sa Majeſté prendra votre dé-
» fenſe. Songez que votre ſort eſt
» dans vos mains. Croyez auſſi que
» ſouvent un moment perdu renverſe
» les projets les plus beaux & les
» plus sûrs en apparence, &c «.

Cette lettre au Samorin, celle aux Envoyés, & l'offre conſtante que j'avois faite à ce Prince de lui donner aſyle, quoiqu'il n'acceptât aucune de mes propoſitions, produiſirent l'effet que je deſirois : le traité fut ſigné.

Ce traité contient en ſubſtance que le Samorin ayant reconnu le Roi de France pour le plus grand & le plus puiſſant Monarque de l'univers, il lui ſoumet à jamais, à lui & à ſes ſucceſſeurs, ſa perſonne & ſon empire, le reconnoît, ainſi que tous ſes ſujets, pour ſon légitime Souverain, lui jure foi & hommage, & s'engage à fournir, toutes les fois qu'on le requierra, tout ce qui ſe trouvera dans ſon royaume en état de porter les armes, & de lui payer un tribut pour ſolder toutes les troupes, tant nationales que Françoiſes, qu'il plairoit à Sa Majeſté d'entretenir pour la défenſe de ſon pays, & pour élever les fortifications qui y ſeront jugées néceſſaires, ſe réſervant toutefois que cet argent ſera tout conſommé dans ſes états, & que jamais il ne ſera ſoumis à une compagnie. La France, de ſon côté, promet de le défendre envers & contre tous, &c.

Ce traité, ſigné par le Samorin ſeulement, l'uſage dans ce royaume ne permettant pas à aucun ſujet de ſigner avec le Roi, tous les chefs du peuple, les Princes, les Miniſtres &

autres crierent à haute voix VIVE LE ROI DE FRANCE ; nous n'en connoissons point d'autre, & ne voulons jamais que lui seul qui regne dans nos états ; & pour preuve de leur sincérité, ils planterent dans l'instant des pavillons François dans le fort, & tirerent vingt-un coups de canon.

L'instant d'après, François Theixeira se rendit à Mahé (le 13 Janvier 1774), avec le traité signé, que je signai moi-même. Il m'assura de la part du Samorin, qu'il vouloit se soumettre à tout ce que j'exigeois, & qu'il remettroit, à mon arrivée, les fonds nécessaires pour fournir aux premieres dépenses, promettant de n'enfreindre en rien le traité.

Dans le même moment, comme si la Providence eût voulu me donner une preuve sensible de sa protection pour assurer le succès de mon projet, on vint m'avertir que la frégate du Roi, la *Belle Poule*, commandée par M. le Vicomte de Grenier, mouilloit dans ma rade. Je dépêchai dans l'inftant vers cet officier, pour lui dire de venir fur le champ me parler, ayant une affaire de la plus grande importance à lui communiquer. Il vint effectivement; je lui montrai le traité, qu'il trouva très-avantageux pour la France. Je lui dis: Monfieur, voici une belle occafion pour que vous & moi faffions connoître tout notre zele pour le fervice du Roi: il s'agit de repartir à l'inftant pour Calicut; j'irai avec vous, à la tête d'un bon détachement, afin de prendre poffeffion de ce royaume au nom de Sa Majefté.

Ce généreux officier fit éclater tout le defir qu'il avoit de bien fervir fon maître; il me dit: Partons,

Monsieur ; mais pour que je sois en regle, donnez-moi un ordre de par le Roi : je le lui donnai, & nous partîmes dès que j'eus tout disposé, ce qui ne fut pas long.

Je dois rendre ici témoignage à la vérité, & dire que chaque officier du vaisseau, ainsi que ceux de ma garnison, de même que les troupes, faisoient voir le plus grand zele ; il n'y en eut pas un qui ne fut enchanté de combattre contre ceux qui se seroient opposés à la gloire de la Nation.

J'écrivis aussi-tôt à Eider-ali-kan, lui envoyant copie du traité. J'écrivis aussi à M. Russel, qui commande un détachement François à son service ; à Ali-raja, Roi de Cannor, mon voisin, fort entreprenant, & pouvant mettre beaucoup de troupes sur pied : il est l'allié d'Eider-ali-kan. J'écrivis enfin à Sirini Vasseran, général de l'armée de ce Nabab, qui marchoit ſur Calicut. Je crois devoir rapporter toutes ces différentes lettres.

A EIDER-ALI-KAN.

Mahé, le 13 Janvier 1774.

» Je vous envoie, cher Prince
» & grand conquérant, la copie du
» traité que je viens de faire avec
» le Samorin de Calicut, au nom
» du Roi de France. Ne croyez pas
» qu'il puiſſe en rien diminuer no-
» tre amitié; mais au contraire, je
» compte bien fermement que je
» pourrai beaucoup mieux ſeconder
» vos grands projets : je ſerai dans
» le cas actuellement de vous offrir
» des armées; je veux moi-même
» diſcipliner ces ſoldats à qui vous
» faites la guerre, & qui ignorent
» l'art de ſe défendre, pour devenir
» vos alliés, & vous aider à faire

» des conquêtes. Envoyez vers moi » vos ministres : nous traiterons » vos intérêts & ceux de la France, » dont je vous offre toutes les » forces qui sont en mon pouvoir, &c «.

A M. Russel.

Mahé, le 13 *Janvier* 1774.

» Je vous envoie, Monsieur, la » copie du traité que je viens de » faire avec le Samorin de Calicut; » je vous prie de le communiquer » à Eider-ali-kan, quoique je lui » écrive, & que je le lui envoie » aussi; mais c'est pour plus grande » sûreté. Assurez-le bien qu'il ne » peut que gagner à ce que nous » soyons les maîtres de cet empire, » puisque je pourrai par-là lui fournir de puissants secours contre ses » ennemis. Dites-lui que je ne veux » pas qu'il perde rien, & que, s'il

» veut m'en croire, la France & » lui pourroient se partager toute » l'Inde. Songez, Monsieur, que » voici le moment où vous pouvez » jouer un très-grand rôle : tout dé- » pend de la façon dont vous con- » duirez cette affaire «.

Je lui parle de l'arrivée de la *Belle Poule ;* j'entre avec lui dans des détails qu'on a déjà vus ; ce qui fait que je les supprime ici.

Le 13 Janvier 1774, je fais part à Ali-raja du traité, & lui écris à peu près les mêmes choses qu'à Eider-ali-kan.

A SIRINI VASSERAN.

Mahé, le 13 Janvier 1774.

» Je vous donne avis, grand gé- » néral, que le Roi de France, » l'allié du conquérant Eider-ali- » kan, vient d'accepter la soumis- » sion que le Samorin lui a faite de

» tous ſes états ; mais ne croyez pas
» que ce ſoit pour vous nuire ; au
» contraire , c'eſt pour vous offrir
» de plus puiſſants ſecours que ceux
» que vous en avez déjà reçus. Vous
» aviez des ennemis à combattre ;
» ce feront aujourd'hui des alliés.
» Je vais prendre poſſeſſion de ce
» royaume avec un fort détache-
» ment François porté ſur la *Belle*
» *Poule* , frégate du Roi , en atten-
» dant qu'il m'arrive des Isles de
» France un régiment de quatre ba-
» taillons. Toutes ces forces réunies
» feront au ſervice d'Eider-ali-kan ,
» à qui j'expédie des Bramens (1).
» Ainſi , je vous prie de vouloir bien
» ceſſer tout acte d'hoſtilité , puiſ-
» que chaque coup de fuſil que vous
» tireriez , tomberoit ſur des Fran-
» çois. Envoyez vers moi à Cali-

---

(1) Ce ſont des Couriers.

» cut ; & vous aurez toute ſatisfac-
» tion, &c «.

A deux heures après-midi, je reçus une lettre du Samorin, qu'il m'envoya par ſon premier miniſtre, & quatre des principaux chefs. Ils m'aſſurerent de ſa part, qu'il ſeroit très-empreſſé à remplir les conditions du traité, & que, dès mon arrivée à Calicut, je trouverois une ſomme ſuffiſante pour la levée d'hommes, l'achat d'armes, munitions tant de guerre que de bouche, & autres uſtenſiles dont je pourrois avoir beſoin ; que ſix milles Naïrs (1) ſeroient ſous les armes pour me recevoir & ſuivre mes ordres.

La lettre du Samorin diſoit les mêmes choſes : il m'envoya auſſi pluſieurs petits vaiſſeaux.

Enfin, je partis le même jour,

---

(1) Ce ſont les nobles du pays.

avec cent cinquante hommes & trois pieces de canon.

J'arrivai en vue de Calicut le lendemain matin. J'y trouvai toute la flotte d'Eider-ali-kan, composée de quinze vaisseaux, dont trois de 8, 10 & 14 canons; le reste étoit des bâtiments à rames, avec chacun un coursier & beaucoup de monde, qui croisoient devant le port, sans avoir mis de pavillon, marchant quelquefois en ordre de combat, comme s'ils avoient eu le dessein de nous attaquer.

M. le Vicomte de Grenier, commandant la *Belle Poule*, s'occupoit continuellement de leur manœuvre, se tenant toujours prêt à attaquer ou à se défendre; il fit battre la générale, & mit chacun à son poste; cela fait, nous nous décidâmes à aller à leur rencontre, ce qui parut les intimider, & les fit revirer de bord.

bord. Mais comme ils bloquoient encore le port, nous voulûmes les écarter ou les faire expliquer ; ce que nous fîmes dès que nous eûmes joint le commandant, qui mit, à la premiere question, le pavillon d'Eider-ali-kan, & dépêcha vers nous un de ses chefs, disant qu'il ne pouvoit entendre ce qu'on lui disoit. Voyant cette espece de soumission, nous lui fîmes beaucoup d'honnêtetés & part du traité ; à quoi il répondit qu'il ne doutoit nullement que le Nabab ne fût enchanté de savoir cet empire aux François, ses alliés ; il ajouta qu'il en étoit de ce royaume comme d'une fille qui a deux amants, & qui appartient au premier qui l'épouse.

L'officier de cette flotte ne vit pas sans étonnement la frégate remplie de soldats bien armés, & tous nos canons pointés sur les vaisseaux, les cannoniers ayant en main le boute-feu. Cela lui parut si respectable, qu'il ne put le voir sans pâlir, & nous dit les choses les plus honnêtes.

Pendant ce temps-là, l'escadre s'écartoit toujours, & nous laissa l'entrée du port totalement libre. Nous revirâmes de bord, & fûmes chercher le mouillage à cinq heures du soir.

Comme il étoit trop tard pour descendre à terre, & que je voulois y descendre avec tout l'éclat possible, pour donner aux habitants une idée noble de la Nation Françoise, ce qui en impose beaucoup dans ce pays-là, j'attendis au lendemain matin vers les huit heures.

Le Samorin envoya, pour cet effet, quarante bateaux à bord de la frégate; je descendis avec M. le Vicomte de Grenier dans son canot, orné de flammes & de pavillons.

La frégate me ſalua de vingt-un coups de canon. J'arrivai ſur le rivage, où je fus ſalué d'un nombre infini de coups de canon, tant des bâtiments de toutes Nations qui étoient dans le port, que du fort & de pluſieurs pieces qui étoient diſperſées dans la ville. Cette canonnade dura vingt-quatre heures. Je trouvai ſur le bord de la mer l'un des premiers Princes, à la tête de ſix mille Naïrs, qui vint de la part du Roi pour me faire ſa ſoumiſſion, & me conduire à la citadelle.

Tous ces Naïrs faiſoient un brouhaha horrible : tant ils vouloient me témoigner leur joie. J'avois mon épée à la main, & j'étois ſi fort environné de tous ces gens-là, que je ne voyois pas ma troupe, qui avoit débarqué avant moi, & qui étoit rangée en bataille. Je donnai quelques coups ſur des lances, en criant *silence.* Il eſt étonnant que des gens auſſi peu diſciplinés fuſſent ſi ſoumis à mon commandement ; dans l'inſtant tout fut dans la plus grande tranquillité, & tout le monde ſe tût.

J'ouvris un chemin dans cette foule ; je joignis mon détachement ; je fis venir mes trois pieces de canon, les fis marcher en tête, mêche allumée, tambour battant, les drapeaux de ma garde déployés (1), le Prince & M. le Vicomte de Grenier à mes côtés, & nous marchâmes dans cet ordre à la citadelle.

Nous trouvâmes ſous les murs le Samorin, avec toute ſa cour, les miniſtres & les chefs du peuple, ſous une magnifique tente qu'il avoit fait dreſſer pour m'attendre. Après

---

(1) Il eſt d'uſage dans l'Inde, que les commandants marchent toujours avec deux drapeaux blancs.

m'avoir fait compliment, il me prit par la main, & me mena dans le fort, où j'entrai avec toute ma troupe. Il me fit de nouveau mille serments de fidélité pour le Roi de France, répétant qu'il lui soumettoit tous ses états; & pour me le bien prouver, il m'en offrit lui-même les clefs sur un riche bassin de vermeil, qu'il me pria d'accepter, comme un premier gage de sa reconnoissance. Je refusai ce précieux don : il voulut insister; je lui dis que tout intérêt répugnoit à mon cœur; que je serois trop heureux si je pouvois le servir, & que je trouverois ma récompense dans l'honneur de vaincre ses ennemis. Je demandai qu'on m'offrît ces clefs sur un simple bouclier de soldat, comme plus analogue à la circonstance; ce qu'il fit. Alors je les reçus, & lui fis dire par mon interprete, que le Roi de

France ne vouloit que le protéger ; que Sa Majesté comptoit assez sur la fidélité qu'il venoit de lui jurer, pour ne remettre qu'à lui les clefs d'un royaume qu'il lui avoit soumis, & qu'elle ne croyoit pouvoir les confier à des mains plus sûres ; qu'elle avoit dû les accepter, mais qu'elle les lui rendoit. Je les lui rendis, retenant seulement le bouclier, lui disant que je le gardois pour m'en servir lorsque je combattrois pour lui : il y fut on ne peut pas plus sensible.

Cette cérémonie faite, je voulus que le Samorin, les Princes, les ministres, tous les chefs du peuple, le peuple même, criassent à haute voix qu'ils consentoient unanimement à se soumettre au Roi de France, ainsi qu'à ses successeurs, & qu'ils ne vouloient jamais d'autre Souverain : c'est ce qu'ils firent ; &

pour rendre encore la chose plus authentique, ils me reconnurent pour le lieutenant-général & gouverneur pour le Roi de tous les états de ce Prince, & M. le Vicomte de Grenier pour le commandant-général de toute sa marine.

Je fis faire ensuite une décharge de mousqueterie, crier *Vive le Roi & le Samorin*, & le canon du fort tira.

Nous fûmes après à l'église chanter une messe solemnelle, & le *Te Deum* en action de graces.

Je laissai trente hommes à la citadelle, & marchai à la tête du reste.

Il se fit pendant le service divin trois décharges de mousqueterie, suivies chaque fois de tout le canon de la ville. La frégate y répondit par vingt-un coups de canon. A chaque salut, tous les bâtiments de la rade tirerent auſſi de leur propre mouvement, ſans en avoir reçu l'ordre.

Je ne crois pas qu'on ait jamais pris une poſſeſſion plus authentique: des pavillons furent plantés dans tout le royaume.

Le même jour, je reçus une lettre d'Ali-raja, qui feignoit de n'avoir pas reçu celle que je lui avois écrite de Mahé. Il me parut fort étonné de ſavoir Calicut aux François, & me demanda ſi la choſe étoit vraie.

Je lui répondis que rien n'étoit plus vrai, & que j'attendois inceſſamment des troupes des Isles de France, avec deux gros vaiſſeaux de guerre pour le conſerver, & protéger les amis de la Nation, dont je le croyois un des plus ſinceres, lui faiſant ſentir l'avantage que ſes alliés trouveroient dans cette nouvelle acquiſition.

Le même jour encore, Sirini-Vaſſeran m'écrivit auſſi. Perſonne ne pouvoit lire ſa lettre, ſinon des Mapelets, nos rivaux (1), auxquels je ne voulus pas me confier, d'autant mieux que j'avois appris des choſes qui n'étoient pas ſatisfaiſantes : ainſi j'envoyai vers ce Général un Officier très-intelligent, avec cette même lettre & les inſtructions ſuivantes.

INSTRUCTIONS DONNÉES A M. DE VEAUX.

Calicut, le 16 *Janvier* 1774.

» M. de Veaux ſe rendra ſur le » champ auprès du Général Sirini-» Vaſſeran pour le prier de vouloir » bien interprêter ſa lettre lui-mê-» me, n'ayant trouvé perſonne à Ca-» licut en état de le faire.

---

(1) Les Mapelets ſont une eſpece de Maures, tous commerçants, & qui auroient auſſi voulu Calicut.

» Il assurera ce Général que jamais » la Nation Françoise ne fut plus dans » les intérêts d'Eider-ali-kan qu'elle » ne l'est aujourd'hui. M. le Comte » Duprat croit lui en avoir donné la » plus grande preuve, en acceptant » la donation que lui a faite le Samo- » rin de tous ses états, attendu que, » si elle ne l'eût acceptée, ce royau- » me fût tombé entre les mains des » Anglois, ses ennemis.

» Pour prouver d'une maniere non » équivoque qu'il veut conserver la » bonne intelligence avec le Nabab, » il offre, ainsi qu'il a toujours of- » fert, d'entrer généralement dans » tous les arrangements qui pourront » lui convenir, pourvu toutefois » qu'ils ne blessent en rien la dignité » ni les intérêts de la France; mais » il espere qu'en conséquence de » cette amitié, il voudra bien respec- » ter & faire respecter le pavillon

» François, comme celui de son » allié.

» Il dira de plus au Général que » si M. Duprat a manqué dans quel- » que formalité, c'est pour avoir to- » talement ignoré les usages, & par » la faute des interpretes «.

RÉPONSE DE SIRINI-VASSERAN.

» Le Général est bien persuadé » que la Nation Françoise est dans » les intérêts du Nabab; mais il dit » qu'il n'y paroît pas dans cette oc- » casion-ci, puisque le pays de Ca- » licut fut pris par lui; qu'il le ren- » dit au Samorin après bien des sou- » missions qu'il lui avoit faites, & » lui avoit promis dix lacs (1) qui » n'ont pas été donnés : il lui en » avoit encore promis trois par an; » voilà huit années échues sans qu'il

(1) Le lac vaut cent mille roupies; la roupie vaut deux livres dix sols.

» ait rien payé; ce qui, par consé-
» quent, fait trente-quatre lacs qu'il
» doit.

» De plus, il y avoit un chef au
» service du Nabab qui s'est révolté
» & refugié chez le Samorin avec
» hommes, chevaux, éléphants &
» chameaux qu'il a refusé de rendre,
» & lui a donné les moyens de se
» sauver avec toute sa famille: les
» effets de ce Nabab, valant un
» lac, sont restés chez lui.

» Le Nabab, après avoir attendu
» ces huit années, s'est enfin lassé,
» & a envoyé cette armée pour
» prendre le pays, détruire tous les
» Naïrs, & mettre de ses garnisons
» dans toutes les places.

» Les François, qui depuis si long-
» temps sont les amis de ce Prince,
» devoient, dans cette occasion, lui
» envoyer des secours, ne fût-ce que
» vingt hommes, pour battre ses en-

» nemis, & non se mettre de leur
» côté, ni accepter leur pays dans le
» moment qu'il est prêt à le pren-
» dre : qu'en pensez-vous ? .. Il croit
» que cela devoit se faire ainsi.

» Le Général est au service du
» Nabab ; obligé de suivre les or-
» dres qu'il lui donne, & qui sont
» de prendre le pays, il doit le pren-
» dre ; mais, après qu'il l'aura pris,
» s'il lui ordonne de le rendre aux
» François, il le leur rendra sur le
» champ : il doit obéir.

» Il demande si vous voulez con-
» server l'amitié, ou si vous voulez la
» faire cesser, ou que prétendez-
» vous faire ?

» On lui a dit que si les François n'a-
» voient point accepté ce royaume,
» les Anglois en seroient devenus les
» maîtres : il a répondu qu'il falloit
» les laisser faire ; que son maître
» leur a fait la guerre sur la côte

» de Coromandel ; qu'il eſt encore » en état de la leur faire ſur celle-ci.

» Le Général demande ſi c'eſt pour » conſerver le Roi dans ſes droits, » ou pour le détruire, que les Fran- » çois ſont venus à Calicut ? S'ils » ſont ſes amis, ſes ennemis doivent » être les leurs ; en conſéquence, ils » devroient lui livrer le Samorin ; & » alors, en reconnoiſſance, le pays » pourroit leur reſter en payant un » tribut.

RÉPONSE.

» Le Général demande ce que les » François prétendent faire ? Ils veu- » lent réprimer l'audace de ceux qui » oſeroient s'oppoſer à la gloire de » leur nation, & ſervir d'aſyle à l'in- » fortune. Cependant, ſi la France » eût connu les prétentions d'Eider- » ali-kan ſur le royaume de Calicut, » elle ne l'eût jamais traverſé ; mais » elle l'a accepté (ignorant ſes pro-

» jets) d'un Prince qui le possédoit,
» d'un Prince, enfin, qui étoit son
» allié avant que lui-même fût au
» monde; ce qu'on auroit cru devoir
» l'empêcher de lui faire jamais la
» guerre, puisqu'il se dit notre ami,
» & qu'il ne l'ignoroit pas. D'ail-
» leurs, son pavillon (1), de tout
» temps planté dans la ville, annon-
» çoit assez qu'elle étoit sous sa pro-
» tection. Il s'en faut pourtant de
» beaucoup qu'on veuille rompre
» avec lui; mais il faut conserver
» l'honneur & la dignité de la pre-

(1) Il est bon d'observer que le seul pavillon que nous ayons conservé, la guerre derniere, dans l'Inde, est celui de Calicut, par le seul attachement du Samorin pour nous, qui dit aux Anglois qui vouloient le renverser, que s'ils prétendoient l'insulter, le leur n'y résisteroit pas. Je savois toutes ces choses; mais je voulois ménager Eider-ali-kan, lui faisant pourtant sentir que, s'il étoit notre ami, il devoit respecter nos alliés.

» miere Nation du monde, & ce n'est
» que par des moyens honnêtes qu'on
» peut se prêter aux desirs du Géné-
» ral. Il paroît, par ce qu'il propose,
» qu'il pourroit en supposer au chef
» des François de bien contraires à
» son caractere : s'il le connoissoit
» mieux, il verroit qu'il est bien plus
» généreux ; qu'il n'a d'autre inté-
» rêt que la gloire de son Roi, &
» celle de faire des heureux. Il a pris
» le Samorin sous la protection de
» la France ; il ne le trahira pas, mais
» il le défendra. Il fera cependant
» ce qu'il pourra pour concilier les
» intérêts du Nabab avec son hon-
» neur, auquel il ne dérogera ja-
» mais : aussi prévient-il le Général
» que, s'il pousse ses conquêtes sous
» le pavillon François, il le regar-
» dera comme l'agresseur d'une guer-
» re qu'il soutiendra jusqu'à la der-
» niere goutte de son sang. Il doit

» encore

» encore ſavoir que le Roi de France donne des gages & des appointements ; qu'il reçoit des tributs, & n'en paie jamais, &c «.

Autre Réponse de Sirini-Vasseran.

» Le Général dit que ſes ordres » ſont d'avancer ſans retard, mais » que pour ne pas rompre l'amitié » qui regne entre Eider-ali-kan & » les François, il ne touchera pas » leur pavillon, & ne prendra pas le » fort, tant qu'ils n'y auront dedans » que ſix hommes avec leur pavillon; » qu'il va écrire ces diſpoſitions au » Nabab ; & s'il lui dit de le laiſſer » aux François, il le leur laiſſera; mais » il exige que le reſte de la garniſon » retourne à Mahé, en attendant ſes » ordres & ; ſi l'on veut le défendre, » il veut le prendre : c'eſt tout ce » qu'il peut faire. Voilà ſon dernier » mot, &c «.

On voit par cette réponſe, toute fiere qu'elle eſt, que l'orgueil de Sirini-Vaſſeran commençoit à diminuer, & que peut-être il avoit pris pour timidité ce qui n'étoit qu'égards de ma part, ou bien ſentoit-il les ménagements que j'avois à garder pour ne pas ſuſciter à ma Nation une guerre, en voulant la ſervir. Ma ſituation fut, il eſt vrai, très-embarraſſante dans ce moment-là, d'autant plus que je venois de recevoir de Mahé trois lettres conſécutives, où l'on me marquoit que ma préſence y devenoit abſolument néceſſaire; qu'Ali-raja ſe remuoit beaucoup, & menaçoit cette colonie. Je ſentois qu'on ne pouvoit pas trop ſe paſſer de moi. Le Samorin devoit me donner un lac; ce qui, avec mon traité, m'auroit du moins juſtifié, puiſque c'eût été un commencement de tribut; & il ne me donnoit rien. Je fis cependant toujours bonne contenance, assurant que je ne craignois point d'ennemis, & que par-tout j'étois sûr de les vaincre avec le peu de braves François que j'avois.

Je vis toujours beaucoup de monde; je sortois avec un air satisfait; j'avois toujours un très-grand dîner & un très-grand souper, peu de moments à moi: je saisis celui que je pus trouver pour écrire à M. de Law sur toute cette affaire, très-succinctement, il est vrai, mais lui promettant les plus grands détails dès que je le pourrois.

Pendant que j'écrivois cette lettre (étant seul dans mon cabinet), le Samorin m'envoya un présent de vingt-cinq mille roupies (1), pour me dédommager, disoit-il, de ce qu'il m'en coûtoit à Calicut. Avant

(1) La roupie vaut cinquante sols.

de rien répondre, j'appellai mon valet-de-chambre ; je lui dis de faire entrer tous les Officiers qui étoient dans mon anti-chambre ; je leur dis : *Messieurs, vous venez de voir passer ces gens-là ; vous avez concouru avec moi à la gloire de cette journée ; il est juste aussi que vous soyez témoins d'un commencement de tribut que l'on paie au Roi de France ; c'est de l'or qu'on m'apporte.* Alors je le fis compter ; j'en fis sur le champ dresser un état ; j'en ai fortifié ma colonie, rempli ses magasins, & suis resté pauvre comme auparavant.

Le ministre me dit que le Samorin étoit jaloux de tenir ses engagements ; qu'il prétendoit les remplir, mais que cet or étoit pour moi. Je lui répondis qu'il connoissoit peu mon caractere, & que l'or n'avoit rien de séduisant pour moi ; que toute mon ambition étoit la gloire de leur faire connoître quels étoient les François ; que j'espérois bien aussi que le Samorin tiendroit en tout ses traités ; que je croyois sa parole sacrée, parce qu'il savoit bien que ce n'étoit qu'à de telles vertus que les Rois ont dû leur puissance.

Ma lettre expédiée pour M. Law, j'en reçus une d'Ali-raja. J'en reçus aussi de très-pressantes de Mahé, où j'avois déjà envoyé de l'argent pour acheter des fusils, afin qu'on me les envoyât, & qu'on continuât à lever des hommes pour remplacer ceux qui étoient venus avec moi : on en avoit déjà fait beaucoup.

On me mandoit que cet Ali-raja faisoit tout ce qu'il pouvoit pour me nuire ; il étoit très-entreprenant.

J'avoue que je fus si piqué, que si j'avois suivi mon premier mouvement, j'eusse marché dans l'instant contre lui. C'étoit peut-être le moment le plus favorable pour acquérir de la gloire. M. le Vicomte de Grenier eût attaqué par mer, & auroit défait son escadre. J'aurois marché dans les terres à la tête de mon détachement, qui montroit la meilleure volonté, & une très-grande quantité de Naïrs, qui eussent fait merveille dans le premier moment d'enthousiasme, & j'étois moralement sûr de le défaire entiérement, tant ses troupes connoissoient peu l'art de la guerre, & sont mauvais soldats. Mais enfin je n'avois pas d'ordre : je craignois d'être repréhensible. Je me contentai de prendre sur moi l'honneur d'acquérir un royaume à mon Roi, sans qu'il lui en coûtât un écu, ni un seul de ses sujets. Je ne fis point de réponse à sa lettre, me réservant de lui faire sentir dans son temps le peu de cas que je faisois de ses forces & de ses ruſes. J'en trouvai l'occaſion ; ce que l'on verra bientôt.

Dans le moment où je reçus toutes ces dépêches, les miniſtres du Samorin vinrent chez moi me dire que tout étoit perdu ; que l'armée des ennemis avoit paſſé la riviere (qui n'étoit qu'à deux lieues de Calicut), & que le lendemain ils ſeroient dans la ville.

Je vis la terreur peinte ſur toutes ces figures ; je les raſſurai de mon mieux. Je leur demandai ſi nos pavillons étoient encore en place ; ils me répondirent qu'on n'y avoit pas touché ; que même ils n'étoient pas dépaſſés. Vous voyez donc, leur dis-je, que ces gens-là n'oſeront rien entreprendre. La frégate les tiendra toujours en reſpect ; & ſoyez sûrs que s'ils vous attaquent, je ſaurai bien vous défendre, pourvu toutefois que vous-mêmes vous vous comportiez en braves ſoldats. Songez enfin que ce ſont vos vies, vos biens, vos femmes & vos enfants qu'on attaque; qu'il faut plutôt mourir que ſe laiſſer vaincre. Vous devez tout oſer; mais ſur-tout ſoyez inébranlables : qui craint le danger eſt à demi-vaincu. Je vous donnerai un bon exemple, ſuivez-le.

Vous devez auſſi vous être apperçus qu'ils ont du reſpect pour le pavillon du Roi, puiſque toute l'eſcadre a ſalué ce matin la frégate de Sa Majeſté, lorſqu'elle a paſſé devant cette armée (ce qu'elle fit effectivement, & le ſalut lui fut rendu).

Cette eſcadre mouilla dans la rade de Calicut, & envoya dans l'inſtant l'un des chefs faire viſite au commandant de ladite frégate, qui dépêcha ſur le champ un de ſes officiers pour la rendre, & leur offrir quelques productions d'Europe ; ce qui fut très-bien reçu : le tout se passa à merveille, & ces gens-là me quitterent un peu rassurés.

Le lendemain, de très-grand matin, ils revinrent chez moi avec tous les chefs du peuple, pour me dire que l'armée avançoit toujours. Une terreur panique s'étoit emparée de leurs esprits ; ils me demanderent la permission de faire sortir du fort cinq milliers de cartouches : je le leur permis, les exhortant à s'en bien servir, & à s'opposer sur-tout au passage de la riviere.

J'avois dans ce moment-là bien des ménagements à garder ; je voulois me tenir sur la défensive, ne pas tirer le premier coup de fusil, pour ne pas déclarer la guerre à celui que l'on croyoit dans nos intérêts, tandis que j'avois lieu de penser le contraire ; mais j'étois très-décidé à la soutenir de toutes mes forces.

Je recommandai très - expreſſément aux ſoldats qui gardoient les pavillons, de ne point tirer les premiers, de laiſſer faire les Naïrs, attendu que c'étoient leurs ennemis qu'ils combattoient, mais s'ils étoient inſultés, de ſe replier auſſi - tôt ſur moi, parce que dans l'inſtant je marcherois pour les défendre.

Enfin, j'apprends par de bons eſpions que j'avois envoyés par différents chemins, que tout étoit dans le premier état; que perſonne n'avoit bougé; qu'il étoit vrai cependant que ſouvent pluſieurs petits détachements, comme des patrouilles, venoient ſur le bord de la riviere, diſant que toute l'armée du Nabab arrivoit, & ſeroit à Calicut le même jour; ce que les Naïrs entendirent. C'eſt ici qu'on va voir la valeur de ces gens - là.

Sur cette nouvelle, le Roi, avec

toute la Famille Royale, prend la fuite. Six mille Naïrs, qui étoient dans la ville (tous armés), en font de même. Il y en avoit cinq cents dans la citadelle; ils disparoissent: enfin, tout le monde s'enfuit.

Je restai seul avec mon détachement; j'en fis passer la moitié dans le fort, & gardai le reste avec moi dans la loge que nous avons dans cette ville.

Le Samorin devoit m'envoyer un lac, ainsi qu'il en étoit convenu. Avec cette somme, j'aurois trouvé dans l'instant trois ou quatre mille hommes: j'eusse même fait déserter toute l'armée du Nabab, faisant publier que je donnerois le double de ce qu'ils ont chez lui (ce qui est très-modique & mal payé): aussi sont-ce de pauvres soldats, & si peu redoutables, que je reste toujours convaincu qu'avec quatre mille bons

François, commandés par un chef généreux, on se rendroit maître de toute l'Inde.

Je me vis donc sans argent, sans provisions dans le fort, quoique j'eusse bien recommandé de faire toutes les diligences possibles pour y en faire entrer, & sans Roi à défendre; par conséquent, je n'étois plus tenu à rien. Dans le traité, je m'étois engagé à la conduite de cette guerre, mais non pas à la faire : je n'en avois pas les moyens. Je voulois défendre le Samorin & tous ses sujets; ils s'en alloient tous : je ne pouvois plus rien faire pour eux. Il devoit fournir aux dépenses; il ne le faisoit pas : j'étois quitte envers lui, & je gardai un royaume dont j'avois pris possession.

Oui, Sire, mon Roi, c'est pour vous que j'ai travaillé. Je voudrois, en versant tout mon sang, pouvoir vous le conserver : la chose n'est pas poſſible avec le peu de miſérables ſoldats que j'ai ; mais j'apporte à vos pieds la couronne de cet empire, une priſe de poſſeſſion de la maniere la plus authentique, & enfin le plus beau titre pour preuve qu'il vous appartient bien légitimement : il ne faut plus à Votre Majeſté que deux ou trois mille hommes pour en jouir paiſiblement.

Enfin, Sirini-Vaſſeran me fit dire de nouveau que je n'étois point en état de lui réſiſter ; qu'il vouloit bien cependant reſpecter le pavillon François, aux conditions que je ne laiſſerois que ſix hommes dans la citadelle, & que je ramenerois le reſte à Mahé.

J'envoyai vers lui pour lui dire auſſi qu'enfin il avoit marché ſur un pavillon que mon Roi m'avoit confié ; que j'ignorois ſes deſſeins ; que je pourrois peut-être conſulter mes forces, lorſqu'il faudroit attaquer, mais jamais pour me défendre; que ſi j'étois ſeul pour le garder, je le défendrois encore contre toute ſon armée, ſans eſpoir ſans doute de le conſerver, mais avec la ferme réſolution de mourir en le perdant; qu'ainſi j'étois très-décidé à garder la citadelle; que j'y mettrois tout mon détachement; que cependant je voulois bien, pour lui prouver que je ne voulois pas rompre avec Eider-ali-kan, revenir à Mahé, & laiſſer la ville neutre, aux conditions qu'il ne s'y commettroit point de vexations.

J'avois bien des précautions à prendre, à cauſe des Mapelets qui reſtoient les maîtres de la ville depuis l'évaſion des Naïrs, & qui ſont très-dangereux.

Il étoit fort à craindre de trouver des obſtacles pour faire entrer dans la citadelle le renfort que je voulois y mettre, ou que s'il y étoit une fois, je ne puſſe après m'embarquer moi-même: tout cela pouvoit très-bien arriver; mais je crus que beaucoup de fermeté & de vigilance me tiendroit lieu de forces.

Je ne fis aucun préparatif qui pût annoncer un départ. J'eus toujours à dîner & à ſouper tout ce qu'il me fut poſſible de raſſembler dans la ville: je laiſſai même entrevoir une ſecrete joie dans mon ame, & me montrai par-tout.

Enfin, quand je crus avoir aſſez fait pour établir le bon ordre, je fis prendre les armes à la troupe, qui avoit, ainſi que moi, couché habillée tout le temps que nous fûmes à Calicut. Je donnai des inſtructions à l'officier qui devoit commander; je le fis partir pour la citadelle, & partis moi-même pour Mahé. Tout cela fut fait dans le plus grand ordre, & ſans rencontrer le moindre obſtacle. Je revins dans mon département, laiſſant par-tout le pavillon François planté, ſans qu'il eût reçu la moindre inſulte, & la citadelle au pouvoir de la France; ce qui m'a ſervi de juſtification auprès du Samorin, qui m'en a remercié, & des Naïrs, qui ont bien vu que, malgré leur fuite, je l'avois gardée, afin de leur donner le temps de revenir de leur premiere terreur & de rentrer dans la ville; ce qu'ils euſſent pu ſans nulle difficulté; ils ne le firent pas; ils s'éloignerent, au contraire de plus en plus, quoiqu'ils ne fuſſent pas pourſuivis.

J'arrive enfin à Mahé, & dès le lendemain je reçois des lettres de Calicut qui m'annoncent que le fort eſt bloqué, qu'on ne peut abſolument y faire entrer aucunes proviſions; qu'elles

les manquent généralement ; qu'on eſt à chaque inſtant menacé d'un aſſaut ; que toute la garniſon doit être égorgée, & que ſur cent trente hommes dont elle étoit compoſée, quarante avoient déſerté, dont douze François, de trente qu'ils étoient ; que le reſte des Cipayes refuſoit de faire le ſervice, & qu'ils étoient comme des bêtes : tant ils avoient peur. Les deux capitaines de ce corps reſpectable étoient les plus effrayés. Voilà l'eſpece de troupes de l'Inde. Les conquérants ne valoient pas mieux : ils ne devinrent inſolents que du moment que je fus parti.

L'officier que j'avois mis (le ſeul que j'avois) étoit M. le Chevalier Meder, Lieutenant en ſecond du régiment de Pondichery, fort jeune, mais brave, ainſi que deux volontaires qui étoient à ſes ordres : il ne pouvoit rien faire ; il ſe maintint cependant, tirant tous les ſoirs le canon de retraite, & celui de Diane tous les matins, quoiqu'on lui fît défendre de le tirer, juſqu'à ce qu'enfin je fus obligé de le faire revenir avec ſon détachement, parce que les vivres manquoient abſolument ; je n'y laiſſai que ſix hommes & un caporal, pour repréſenter la Nation & garder ſon pavillon.

Avant de me décider à le faire revenir, je lui écrivis, ainſi qu'au Général d'Eider-ali-kan.

A M. LE CHEVALIER MEDER.

Mahé, le 21 Janvier 1774.

» J'ai reçu, Monſieur, les deux » lettres que vous m'avez fait l'honneur de m'écrire. Je vois bien que » vous devez être dans l'embarras ; » mais enfin ſongez que peu d'officiers ſe ſont trouvés dans un poſte » à acquérir autant de gloire, & mé-

» riter les bontés du Roi. Tenez » toujours ferme ; ne ſoyez point » l'aggreſſeur, mais défendez-vous. » Soyez ingénieux à vous procurer » de la ville les ſecours dont vous » aurez beſoin.

» Je vous envoie la copie de la » lettre que j'écris au Général : dans » le cas qu'il l'interprêtât mal, vous » lui en feriez dire le contenu par M. » de Veaux (1).

» Tirez toujours le canon matin & » ſoir ; que les tambours & fifres ſe » faſſent entendre. Enfin, nous ſom- » mes à Calicut ce que nous ſom- » mes en France. Soyez sûr qu'ils » n'oſeront vous attaquer, ou bien » je marche ſur le champ, & fou- » droie toute leur flotte ; ainſi pre- » nez patience : ſur-tout, beaucoup » de courage, &c «.

(1) M. de Veaux étoit un des volontaires, fort intelligent & fort brave.

A SIRINI-VASSERAN.

Mahé, le 21 Janvier 1774.

» J'apprends que vous ne répon-
» dez pas aux bons procédés que j'ai
» eus pour vous & votre armée.
» Croyez que tout ce que vous fe-
» rez ne sauroit m'intimider, & que
» je suis le maître de marcher à la
» tête d'une armée nombreuse (1).
» Je ne veux point déclarer la guer-
» re; mais si je suis attaqué, je me
» défendrai très-vigoureusement par
» mer & par terre. Croyez que j'ai-
» me mon métier; que je le fais
» depuis long-temps, & que je n'ai
» jamais cessé de m'en occuper.

» On me parle souvent de l'amitié
» d'Eider-ali-kan: je n'en vois au-
» cune preuve; mais je sais qu'il

(1) Tous les Naïrs du pays vouloient se joindre à moi, ainsi que plusieurs petits Rois mes voisins.

» doit tout aux François ; qu'actuel-
» lement il en a à son service, qui
» cesseront d'être à lui lorsqu'il sera
» contre nous. Ainsi, je vous prie
» de vous expliquer : voulez-vous
» de notre alliance ? N'en voulez-
» vous pas ? Si vous en voulez, ne
» portez point obstacle aux Fran-
» çois qui sont dans la citadelle,
» qu'ils ne rendront jamais ; ne les
« empêchez pas d'entrer & de sortir
» librement, pourvu qu'ils ne com-
» mettent aucun désordre. Si vous
» les en empêchez, je regarderai
» cet acte comme une déclaration
» de guerre que je soutiendrai jus-
» qu'à la derniere goutte de mon
» sang, &c «.

Ces deux lettres firent un bon effet pour le moment ; & Sirini-Vasseran m'écrivit qu'il vouloit rester mon ami ; que je n'avois rien à craindre de l'armée, mais qu'il avoit bien de la peine à contenir les Mapelets, qui n'étoient que ses alliés.

Le Sieur Manesse, négociant de Mahé, & un pere Carme qui étoit avec lui, revinrent quelques jours après de Calicut, ayant été témoins des difficultés qu'éprouvoit la garnison pour vivre : on arrêtoit tous les hommes qui en sortoient, sans leur permettre d'y rentrer. Ils me dirent que rien n'étoit plus impertinent que ces Mapelets, qui pourtant ne sont dangereux que lorsqu'ils se sentent très-supérieurs en nombre, puisqu'ils n'ont osé rien dire tout le temps qu'il m'a plu d'y rester ; mais ils devoient, disoient-ils, m'assassiner le lendemain du jour que j'étois parti, si j'avois encore été dans Calicut. Je n'en fus point effrayé : j'allai toujours mon train. Enfin, le Sieur Manesse me dit que Sirini-Vasseran ne seroit pas le maître d'empêcher la violence, mais que si je voulois retirer la garnison, ne laisser que six hommes avec un caporal pour garder le pavillon, il m'assuroit qu'on n'y toucheroit pas; que personne n'entreroit dans le fort jusqu'à ce que cette affaire fût décidée. Je me rendis à cette derniere raison, voyant bien qu'il ne m'étoit pas possible de conserver, avec si peu de monde, tout un royaume & la colonie qui m'est confiée; d'ailleurs, comment faire quand on manque de vivres? Je vis aussi que la possession restoit toujours bien authentique, & que, dès que l'on voudroit, on pourroit, avec des forces, remettre en vigueur le traité. Ainsi je renvoyai la frégate avec le Sieur Manesse, pour revenir chez Sirini-Vasseran retirer le détachement & les trois pieces de canon que j'avois laissés, me bornant donc aux six hommes & au caporal, ce dont nous étions convenus.

Cela ſe fit, éprouvant toujours quelques difficultés, qui furent toutes levées par la fermeté du Sr. Maneſſe, des officiers & des ſoldats François, & par le ton impoſant que prit M. le Vicomte de Grenier vis-à-vis de toute la flotte, alors forte de plus de trente voiles. On força ces mêmes Mapelets, tout inſolents qu'ils étoient, à traîner eux-mêmes les pieces de canon, & à les embarquer. Enfin, le tout ſe fit dans le plus grand ordre, & la frégate revint à Mahé avec les troupes & munitions, laiſſant toujours le royaume de Calicut ſous le pavillon François.

Dans le même inſtant de l'arrivée de ces Cipayes, je les fis tous aſſembler dans le fort, ainſi que ce qu'il en reſtoit dans la place; je leur fis border la haie; je les déſarmai, & les fis défiler un à un vers la porte, ſortir & ranger en bataille par compagnies en dehors du fort, ayant fait rester sous les armes la garde qui y étoit, jusqu'à nouvel ordre; puis je leur fis dire que l'estime que j'avois conçue pour eux avant cette expédition, m'avoit déterminé à prendre sur moi de les conserver tous avec leurs privileges & appointements, malgré les ordres qu'ils savoient bien que j'avois de diminuer les uns & les autres (ce qu'effectivement M. de Law m'avoit mandé, & que je n'avois pu faire, vu la circonstance), mais qu'aujourd'hui, dans l'occasion qui venoit de se présenter, où ils pouvoient se couvrir de gloire sans aucun risque, ils avoient fait voir tant de lâcheté, que pour les bien convaincre du peu de cas que j'en faisois, & combien je les méprisois, je les cassois tous; ce que je fis effectivement, leur disant qu'il s'en trouveroit sans doute bien d'autres qui voudroient partager ma gloire, & que j'aimerois mieux combattre ſeul qu'avec des lâches comme eux.

Ce coup hardi, dans un temps où ils croyoient que je ne pouvois me paſſer d'eux, & la maniere dont je le fis les intimiderent ſi fort qu'ils en reſterent étonnés, croyant que je n'aurois jamais oſé prendre ce parti, dans un temps où j'étois menacé de toutes parts. Ce n'eſt cependant qu'avec cette fermeté & beaucoup de juſtice qu'on peut faire quelque choſe dans l'Inde.

Je fis dire après cela, que, quoique l'action fût générale, je ſavois que dans le nombre il y avoit quelques braves gens; que ceux-là, je les récompenſerois par des gratifications & de l'avancement; ce que j'ai fait, notamment pour un de ces caporaux qui, gardant un pavillon, répondit à une patrouille d'Eider-ali-kan, qui le menaçoit de le tuer, s'il ne se retiroit, qu'il ne connoissoit d'ordre que celui de son commandant, qui l'avoit placé; qu'il préféroit la mort à une vie honteuse: je lui donnai dix louis (ce qui est beaucoup pour ce pays-là) en présence de toute la garnison, & le fis officier : il est étonnant l'effet que cela produisit.

Je fis dire encore que ceux qui seroient sans reproche, & qui voudroient se rengager, seroient reçus, mais à la paie de Pondichery, conformément aux ordres du Gouverneur-général.

Tous demanderent à se rengager, promettant de faire par leur conduite oublier tout le passé.

Ainsi j'ai fait par ce coup vigoureux ce que je n'avois pu faire par mes représentations. J'ai totalement changé la mauvaise constitution de ce corps : j'ai laiſſé caſſés les capitaines dont je ne voulois à aucun prix, leur diſant qu'un officier ne pouvoit jamais ſe juſtifier d'une lâcheté. J'ai repris tous les bons, & n'ai laiſſé que ceux qui ne valoient abſolument rien.

Je leur fis voir, & ils éprouverent toujours toute eſpece de complaiſance pour les braves gens, & la plus grande ſévérité pour ceux qui ne faiſoient pas leur métier. Ne ſachant que punir & récompenſer, j'euſſe réuſſi.

Voilà donc le royaume de Calicut à la France, ou du moins elle a le droit de le poſſéder.

Tout le monde convient que c'eſt le plus beau, le plus riche & le plus commerçant de la côte de Malabar. Ce qui le prouve, c'eſt que les Anglois, les Danois, les Portugais, & nous enfin, avons toujours voulu conſerver,

& conſervons encore ſimplement une loge dans cette ville, où, malgré les cruelles révolutions qui s'y font continuellement, le port ne déſemplit pas de vaiſſeaux de toutes les Nations.

Un avantage enfin qui n'eſt pas équivoque, c'eſt que la France peut y envoyer quatre mille hommes ou tel nombre qui lui conviendra, qui ne coûteront rien : ce ſont les conditions du traité. De plus, on peut également, ſelon les mêmes conditions, y conſtruire, aux dépens du Samorin, toutes les forteresſes & ports que l'on voudra. S'il n'y conſentoit pas, on feroit, avec quatre mille François, la loi dans toute cette partie ; on s'empareroit bien légitimement de tous les revenus & douanes du royaume, ce qui ſeroit très-conſidérable : on pourroit le faire, puiſqu'il a été concédé de la maniere la plus ſolemnelle ; que la France n'a point manqué à ſes engagements, au lieu que le Samorin y a manqué dans tous les points, ne donnant point l'argent néceſſaire pour les frais de la guerre, abandonnant lui-même le pays avec tous ſes ſujets. On n'eſt donc plus tenu à défendre des gens qui n'exiſtent pas : car dans le traité je ne leur ai point dit que je ferois la guerre pour eux ; je leur ai ſeulement promis que la France ſe chargeroit de la conduite de celle qu'ils faiſoient, ce qu'un bon Général pouvoit faire. J'ai dit, il eſt vrai, qu'on les aideroit de toutes les forces de terre & de mer ; mais, encore un coup, il faut qu'ils y ſoient eux-mêmes ; &, ſelon le traité, ils doivent fournir tout ce qui ſera en état de porter les armes. Ils n'ont rien fait de tout ce qu'ils doivent ; on ne leur doit plus rien, & leur pays reſte à la France, puiſqu'il lui a été donné, qu'elle le garde après leur évaſion, mais qu'il n'eſt pas étonnant qu'elle ne puiſſe le conſerver juſqu'à l'arrivée de nouvelles forces.

J'ai fait voir tout ce qu'on peut faire dans ce pays-là, puiſqu'avec cent invalides, ſans compter les Indiens, j'ai fait, j'oſe le dire, trembler cinq ou ſix Puiſſances belligérantes, qui toutes ont reſté dans le plus grand étonnement; mais il eſt vrai que je tirois avantage des forces que j'avois, & de celles que j'aurois pu avoir (1).

J'avois en vue dans mon projet, de m'emparer du royaume de Calicut pour empêcher les Anglois de le

---

(1) M. de Boynes envoya en 1773 le fonds de douze bataillons aux Isles de France; ce qui, avec la nouvelle conſtitution militaire, nous donna dans ce pays-là la plus grande conſidération, & faiſoit même trembler les Anglois.

faire ; & certainement ils l'eussent fait s'ils avoient prévu tout ceci : alors ils seroient devenus totalement maîtres de cette côte ; ils le sont sur celle de Coromandel : s'ils le fussent devenus sur celle-là, ils auroient été maîtres de toute l'Inde. C'est ce qu'ont très-bien senti les Danois & les Portugais ; aussi n'est-il point d'honnêtetés que les chefs de ces deux Nations ne m'aient faites : ils étoient enchantés que j'eusse prévenu cette Nation, dont l'agrandissement donnoit de l'ombrage à tout le monde : on étoit fort aise que nous pussions y tenir la balance.

Je réfléchissois encore que Calicut appartenant aux François, Eider-ali-kan, leur allié dans les terres, avec une armée victorieuse, agissant bien de concert, pouvoit changer totalement l'Inde de face ; & s'il n'avoit voulu s'y prêter, le meilleur parti

parti à prendre auroit été de l'abandonner, pouvant faire des alliances bien plus utiles : car si j'avois voulu, je pouvois me mettre à la tête d'une armée très-nombreuse, à laquelle il ne manquoit qu'un chef.

Peu de jours après mon retour de Calicut, le Roi de Cartenatte, dans les états duquel est Mahé, vint me voir dans le plus grand appareil.

Je le reçus comme on reçoit un Roi : je lui donnai les présents dont j'étois chargé : il me fit mille protestations d'amitié : le tout se passa très-bien, & il me dit qu'il viendroit un autre jour, pour parler d'affaires. Je lui répondis que je serois à ses ordres.

Deux jours après, je le rencontrai presque à la nuit, tout nu dans la plaine où j'étois allé me promener. Il m'accosta, me dit qu'il vouloit être mon ami, & me pria de lui permettre de venir chez moi le soir même. Je lui répondis que, quoiqu'il fût bien tard, je le recevrois toujours avec le plus grand plaisir: nous rentrâmes. Dès que nous fûmes arrivés, il me dit qu'il desireroit que nous entrassions dans mon cabinet avec le seul interprete. Je le satisfis. A peine y fûmes-nous entrés qu'il se sentit vivement pressé de restituer ce qu'il avoit bu de trop; son estomac se dégagea, & mon cabinet fut inondé. Il me dit qu'il étoit bien malade. Je le vois bien, lui dis-je: je le sentois encore mieux. Il me demanda une bouteille de vin, disant qu'il croyoit qu'elle le guériroit; je la lui fis apporter; il la but toute entiere. Il prit ensuite congé de moi, me priant de lui en donner encore pour porter avec lui. Je lui en fis donner, & le fis bien éclairer jusques chez lui.

Cette petite aventure d'un Roi

que je voyois pour la seconde fois, me donna une si mauvaise idée de sa personne & de sa puissance, que je crus que c'étoit une grande duperie que le Roi de France fût le vassal de ce marmouset, lui payant un tribut, & lui permettant une douane à Mahé. Je conçus de ce moment-là le projet de la lui ôter, mais toutefois avec justice : il m'en fournit les moyens.

Nos traités avec lui portent que nous aurons le privilege exclusif de faire tout le commerce de son royaume, notamment celui du poivre, qui doit tout aboutir à Mahé, sans qu'il en puisse sortir par ailleurs, sous aucun prétexte que ce soit. En conséquence de ce privilége, nous devons lui payer deux roupies & demie de douane par chaque candit qu'on y vendra, & lui donner une certaine somme, tant en argent qu'en riz, à certaines fêtes de l'année ; ce qui a toujours été bien obſervé de notre part.

Depuis bien du temps la majeure partie du poivre ſortoit par la riviere de Cotte, diſtante de trois lieues, où il avoit établi une autre douane, qui lui rapportoit dix à douze roupies, au lieu de deux & demie ; & tous les marchands ſe portoient dans cette partie, de façon que la colonie étoit abſolument ruinée, puiſqu'il ne s'y faiſoit plus de commerce.

Les marchands du pays préféroient d'y aller, puiſque le commerce y étoit, & qu'ils vendoient plus cher, attendu qu'à Mahé ils ne peuvent, ſelon les traités, en vendre qu'à la Nation, juſqu'à ce qu'elle en ſoit entiérement pourvue.

Enfin, peu de temps après il me fit demander un rendez-vous, pour me parler de ſes affaires. Le jour fut pris ; il ſe rendit chez moi.

Après avoir traité tout ce qui le concernoit, je lui dis qu'il devoit être bien assuré que je ne manquerois jamais à ma parole; que tout ce que je promettois, je le tenois inviolablement; que j'observerois très-scrupuleusement tout ce que les traités renfermoient, mais que j'espérois aussi trouver en lui cette bonne foi qui caractérise les Rois, & dont ils ne doivent jamais se départir. Il m'en donna mille assurances : je lui dis que je n'en doutois pas, mais que je devois le prévenir que sans doute ses intentions n'étoient pas suivies; que les traités avec la France étoient violés; que son poivre sortoit par la riviere de Cotte, au lieu de sortir par celle de Mahé. Il fut surpris de ce que j'étois si-tôt instruit; il s'en défendit, mais assez mal. Je lui demandai pourquoi il permettoit cette infraction; il me répondit tout naïvement que c'étoit parce que cela lui rapportoit davantage. Je lui dis alors que le Roi de France auroit aussi plus de profit en supprimant sa douane, & en la mettant pour son compte. Comment, me dit-il, vous me feriez ce tour-là ? Je vous en donne ma parole, lui répondis-je : je ne le fais cependant pas de ce moment-ci ; j'ai voulu vous prévenir ; mais croyez que si vous n'y mettez ordre très-promptement, je le ferai. Soyez aussi bien persuadé qu'une administration militaire sera bien différente de celle qui n'étoit que marchande ; que je ne m'écarterai jamais des sentiments de l'honneur ; que la plus droite équité sera toujours mon guide. Il n'étoit pas accoutumé à un pareil langage ; il en parut étonné, & me promit qu'il alloit donner de si bons ordres que je n'aurois plus à me plaindre

Je lui conseillai de tenir sa parole, l'assurant que je ne manquerois pas à la mienne : il partit.

J'étois bien servi par tous ceux que j'avois employés pour m'instruire. Je fus averti que la contrebande ne se faisoit plus que la nuit, mais qu'on la faisoit toujours.

J'en écrivis au Roi, l'assurant qu'il ne pouvoit rien faire que je n'en fusse informé, & que je le prévenois encore une fois que si la chose continuoit seulement huit jours, je chasserois celui qui percevoit la douane. Il me fit de nouvelles protestations, & alla toujours son train.

Quand je vis que je ne pouvois plus compter sur ce qu'il me disoit, je pris enfin le parti de la supprimer absolument, & je la mis au compte du Roi.

Je fis plus : j'armai une corvette & deux chaloupes; je les envoyai à l'embouchure de la riviere de Cotte pour empêcher la ſortie des poivres que l'on portoit aux différents vaiſſeaux qui ſe tenoient en rade afin de les recevoir, & je donnai ordre de confiſquer tout celui qu'on pourroit prendre ſortant dans des bateaux : il n'en ſortit pas du tout.

Lorſque le Roi de Cartenatte vit que je ne plaiſantois pas, il m'envoya deux de ſes miniſtres pour me ſupplier de vouloir bien lui rendre ſa douane, & m'aſſurer qu'il obſerveroit très-exactement les traités.

Je répondis qu'il n'étoit plus temps. Ils me repréſenterent que cette ronde par mer étoit bien rigoureuſe. Je leur dis que je voulois maintenir les droits de la Nation, & qu'ils n'avoient aucun reproche à me faire, ajoutant que, lorſque deux Souverains ont des traités enſemble, ſi l'un des deux manque dans un ſeul point, l'autre n'eſt plus tenu d'en remplir aucun ; que c'étoit alors la loi du plus fort qui prévaloit, & que je ne les craignois pas ; que leur maître ayant violé les engagements qu'il avoit contractés avec le Roi de France, le Roi de France étoit quitte envers lui ; qu'en conſéquence, il ſupprimoit ſon privilege, & mettoit le ſien en vigueur. Ils me demanderent ſi du moins je continuerois à lui payer l'argent & le riz qu'il étoit d'uſage de lui donner à de certaines fêtes. Je leur répondis que s'il donnoit des preuves non équivoques de ſon attachement pour la Nation, & qu'il lui reſtât fidele, Sa Majeſté les lui donneroit en gratification annuelle, en reconnoiſſance de ſes ſervices. Ils furent aſſez ſatisfaits de cette réponſe, qu'ils ne purent s'empêcher de trouver juſte.

Quelques jours après, le Roi m'écrivit encore, me faiſant de nouvelles repréſentations, auxquelles je ne fus pas plus ſenſible.

Ses miniſtres dirent à mes interpretes qu'ils voyoient bien que j'avois la tête dure, & qu'il n'y auroit rien à gagner avec moi. Ils dirent auſſi que ſi je ne leur rendois la douane, leur maître enverroit deux des principaux de ſon royaume pour reſter à Mahé juſqu'à ce que je les en chaſſaſſe, croyant par là me faire une grande menace.

On me rapporta la choſe : je leur fis dire que la politeſſe Françoiſe ne permettoit pas de chaſſer d'auſſi grands Seigneurs ; qu'ainſi ils pouvoient venir quand ils voudroient ; que je les recevrois même chez moi ; qu'ils me feroient le plus grand plaiſir, & que je me ferois un devoir de les y recevoir de mon mieux. Ils trouverent ma réponſe plaiſante ; ils me quitterent : la douane m'a reſté, & j'en ai joui très-paiſiblement.

Pendant toute cette fermentation, je crus qu'il étoit de la plus grande importance de me mettre en état de me défendre par mes propres forces à Mahé (ouvert de toutes parts), dans le cas que le Gouverneur-général & la cour ne voulussent pas me seconder. Aussi, dès que j'y fus de retour, je fis commander tout ce qui seroit en état de travailler, hommes, femmes, même les enfants, pourvu qu'ils pussent porter un peu de terre ; je les occupai tous à faire de bonnes fortifications, dont j'étois moi-même l'ingénieur. J'avois tous les jours sept ou huit cents ouvriers, qui n'ont jamais coûté un écu à l'état.

C'est à ces glorieux travaux que j'ai employé le présent que le Samorin m'avoit fait, ainsi que le produit de la douane.

J'ai aussi laissé, quand je suis parti

de ce pays-là, les arsenaux remplis d'armes (que j'ai achetées), & les magasins de riz, sans que l'on m'ait rien donné, ainsi que beaucoup de bois propre à faire des affuts pour la grosse artillerie.

J'ai en main des certificats qui prouvent tout ce que j'avance ici. Mes fortifications étoient à moitié faites; ce qui avoit attiré déjà plus de trente familles de négociants de différents endroits, parce qu'ils se croyoient bien plus en sûreté pour faire leur commerce que par-tout ailleurs; ce qui auroit rendu la colonie très-florissante, & le produit de la douane bien plus considérable. Ainsi, c'étoit un double avantage d'avoir une place forte dans un pays où il n'y en a pas, sur-tout quand il n'en coûte rien : elle étoit susceptible par sa position de résister à toutes les forces de l'Inde.

Pour donner une idée de l'esprit qui regne chez les différentes tribus des Indiens, je crois devoir rapporter ce qui m'arriva au sujet de ces travaux.

Chaque Caste ou tribu a sa profession, & croiroit déroger, si elle faisoit quelque chose qui y fût étranger. Ceux de la Caste que l'on nomme *Macoir*, sont les plus robustes & les plus vigoureux; ils sont occupés à la pêche & dans les ports, à porter de grands fardeaux, ou enfin à tout ce qui peut être relatif à la navigation. Il y en avoit deux ou trois cents; chacun d'eux valoit au moins trois autres ouvriers, attendu qu'ils se nourrissoient beaucoup mieux. J'étois étonné de n'en jamais voir à mes fortifications; j'en demandai la raison au capitaine du port qui les commandoit; il me dit que ces gens-là se feroient plutôt tuer que de travailler à la terre. Je lui ordonnai de commander pour le lendemain matin tous ceux qui ne feroient point employés au fervice de mer ; il me dit qu'il le feroit, mais qu'il craignoit bien qu'ils ne fe révoltaffent ; je lui recommandai de leur dire que je le voulois abfolument, fous peine de prifon, & de payer une forte amende. Ils s'y rendirent ; mais dès qu'ils y furent, ils demanderent d'un ton ironique & très-infolent, où étoient les fardeaux qu'il falloit porter : on leur répondit qu'il falloit prendre une pioche & travailler : ils refuferent, difant que ce n'étoit pas leur métier ; qu'ils ne favoient pas comment il falloit s'y prendre. On vint m'en rendre compte : j'y allai après la garde montée, avec ma garde ordinaire ; je les trouvai les bras croifés ; ils me dirent qu'ils ne connoiffoient pas la maniere de travailler la terre ; je pris alors une pioche, & je travaillai moi-même, leur montrant que c'étoit ainſi qu'il falloit faire. La choſe parut d'autant plus extraordinaire, que j'étois dans un pays où la nobleſſe fait conſiſter ſa grandeur dans la pareſſe, & laiſſe toujours pouſſer ſes ongles, afin de bien prouver qu'elle ne fait rien ; mais comme je m'étois mis fort au deſſus des ſots préjugés, j'avois cru devoir prendre ce parti : je leur fis entendre auſſi que je travaillois enfin plus pour eux que pour moi, puiſque c'étoit pour les mettre à l'abri de leurs ennemis ; que d'ailleurs, je n'exigeois d'eux que les moments perdus ; que je ne prétendois point les diſtraire de leurs occupations ordinaires, mais que je voulois qu'ils vinſſent gagner leur vie, lorſqu'ils n'auroient rien de mieux à faire. Ils reſterent encore immobiles ; alors je quittai la pioche, & je repris ma canne; je tombai sur les premiers que je rencontrai, & dis aux officiers qui étoient avec moi d'en faire tout autant. Quand ils virent que je le prenois ainsi, ils coururent arracher les outils des mains des autres ouvriers, & leur dirent qu'ils vouloient en faire plus dans un jour qu'eux n'en avoient fait pendant quinze, & chanterent des chansons à ma louange, travaillant comme des forçats & avec toute l'intelligence possible. Quand je vis cela, je leur dis que si j'étois content d'eux, je voulois tous les dimanches leur donner demi-paie, quoiqu'ils ne fissent rien, & les faire boire & danser; à quoi je n'ai pas manqué : je leur donnois même quelquefois un bœuf, qu'ils promenoient, & qu'ils mangeoient ensuite; ce qui produisit le plus grand effet. Enfin, j'ai eu toutes

sortes

ſortes de ſatisfactions de ces gens-là ; & la quantité de travaux qu'on a faits dans le peu de temps que j'ai reſté à Mahé , eſt étonnante. Quand on connoîtra bien les hommes , & qu'on ſaura les mener , on en fera toujours tout ce qu'on voudra.

Je reviens aux Mapelets.

J'ai dit qu'ils étoient très-inſolents : il ſembloit chaque jour qu'ils le devinſſent davantage ; ce qui ne m'empêcha pourtant pas de croire toujours qu'avec de la juſtice & de la fermeté on viendroit à bout de les ſubjuguer.

Il étoit d'uſage que ces gens-là ne marchaſſent jamais ſans être armés d'un bouclier & d'un cimeterre nu ou grand coutelas , qu'ils portoient à la main ; c'étoit ainſi qu'ils entroient à Mahé , & ſe trouvoient aſſez ſouvent ſur les places , dans les marchés , au nombre de vingt-cinq, trente, cinquante, même plus, tous enſemble, parmi nos ſoldats déſarmés. Il eſt bon de dire auſſi qu'ils ont une adreſſe ſinguliere à manier le ſabre.

Je leur fis défendre d'entrer déſormais dans la ville avec armes quelconques, ſous peine de les voir confiſquées, & d'être mis en priſon.

Cet ordre déplut preſque à tout le monde. On vint chez moi me faire mille repréſentations, me diſant que tout alloit être ſaccagé; que j'attaquois directement Ali-raja, Roi de tous ces Mapelets; qu'il en conſerveroit le plus grand reſſentiment. Je tins ferme, diſant que je ne voulois braver perſonne; qu'Ali-raja reſteroit maître chez lui, mais que je le ſerois chez moi. J'ordonnai de publier ſur le champ cet ordre dans la langue du pays, de l'afficher par-tout, & de conſigner à toutes les portes de n'en laiſſer entrer aucun qui fût armé, ſous aucun prétexte ; ce qui s'exécuta ; & le réſultat fut qu'ils dirent que j'étois un grand Général ; qu'ils n'avoient point de meilleur parti à prendre que de faire tranquillement leur commerce, puiſque je ne les troublois pas ; que je leur accordois au contraire, toute protection pour ceux qui le feroient. Je leur fis même dire que ſi autrefois perſonne ne faiſoit le commerce que le commandant, je voulois qu'aujourd'hui tout le monde s'y adonnât, excepté le commandant.

Quelques mois après, il vint quatre de ces fanatiques voués à la mort ; on les appelle *Hamocs*. Il eſt bon de dire que les Mapelets ſont des eſpeces de Maures (1), dont la religion

(1) On voit que ce ſont des deſcendants d'une colonie Arabe établie dans ce pays-là depuis des temps très-reculés ; ils font eux ſeuls tout le commerce.

est un mahométisme corrompu ; il y en a parmi eux qui vont en pélerinage à la Mecque ; ils y achetent une piece de toile qui doit leur servir de suaire (1), & se vouent à la mort, croyant être martyrs, s'ils sont assez heureux pour tuer quelque Chrétien, & mourir dans l'action : pour s'y préparer, ils prennent une forte dose d'opium qui les met en fureur, & vont ensuite tête baissée, ceints de leur suaire, chercher & donner la mort. Il en vint quatre à Mahé avec leurs cimeterres, qu'ils ne voulurent jamais rendre ; dès qu'ils virent qu'on vouloit absolument les désarmer, ils s'élancerent dans la place, frappant tout ce qu'ils rencontroient de Chrétiens.

---

(1) C'est une suite des loix de Mahomet, dont la politique étoit de faire le commerce des toiles, & d'en faire un acte de religion.

Je les fis tuer tous quatre, & les fis expoſer à la vue de tous ceux de leur Nation, qui, dans l'inſtant, s'aſſemblerent en troupe & armés dans un village qui étoit à quelques pas ſeulement de la ville. Je fis battre tout de ſuite la générale, ne pouvant imaginer d'où partoit le coup. Je mis toute la garniſon ſous les armes; je fis conduire pluſieurs pieces de canon & quelques mortiers à bombes ſur une hauteur qui dominoit entiérement le village; j'envoyai chercher les chefs de ces mutins, qui s'étoient cachés, & dont les femmes me firent dire qu'elles ne ſavoient où ils étoient. Je renvoyai avec ordre de les ramener, ou que s'ils ne ſe trouvoient pas, & s'il reſtoit dix Mapelets en troupe, j'allois faire tirer deſſus, & réduire le village en cendres. Quand ils virent que je ne plaiſantois pas, les chefs vinrent;

j'en gardai quatre pour otages, & renvoyai les autres, disant que je ferois pendre ceux que je retenois, si dans une heure tout n'étoit pas dissipé : cette menace les intimida tellement que, dans le moment, le reste disparut, & tout fut tranquille.

Il est encore bon de faire remarquer que quelquefois les plus petits moyens, quand ils sont bien employés, produisent les plus grands effets. Je m'étois (ainsi que je l'ai déjà dit) fort occupé à connoître les mœurs de chaque Caste en particulier ; je savois que les Mapelets avoient la plus grande aversion pour le cochon, qu'ils regardoient comme l'animal le plus impur : je savois aussi qu'ils regardoient comme un grand point de leur religion de bien laver leurs morts, & de les ensevelir dans un suaire bien blanc ; en conséquence, j'ordonnai de faire traîner par le bourreau dans toute la ville ces quatre morts ſur la claie, avec chacun un cochon attaché au col. Dès que les Mapelets le ſurent, ils furent dans le plus grand déſeſpoir, ſe croyant déshonorés aux yeux de toutes les Nations, & croyant leur religion mépriſée. Ils me firent demander en grace de ne point les humilier à ce point-là. Certainement j'étois bien décidé à ne les pas pouſſer à un trop grand déſeſpoir, qui auroit pu ſe changer en fureur; mais je voulois bien auſſi leur faire ſentir tout le prix de ma clémence en leur accordant ce qu'ils me demandoient, attendu que, lorſqu'on a peu, il faut ſavoir ſe faire honneur de tout: ainſi je tins ferme, paroiſſant même très-courroucé ſur ce que mes ordres n'étoient pas encore exécutés. Toute la colonie vint me ſupplier de n'être pas ſi ſévere ſur ce point; je ne me rendis pas encore. Enfin ils députerent quatre de leurs principaux, qui vinrent ſe proſterner à mes pieds, déſavouant ces miſérables, m'aſſurant qu'ils ſeroient déſormais ſoumis à mes volontés, & qu'à l'avenir ils auroient un attachement inviolable pour la Nation. Je me rendis alors, leur diſant que je voulois bien leur accorder cette grace; que je voulois même mettre le comble à mes bontés, en leur rendant leurs morts, mais qu'ils pouvoient compter que le premier qui feroit l'inſolent, je le ferois pendre avec un cochon dans l'endroit le plus élevé. Ils me firent de nouveau mille proteſtations, & ſe retirerent fort contents de moi, emportant leurs morts, & croyant avoir remporté une grande victoire.

Ils allerent, malgré cela, trouver leur Roi, pour tâcher d'obtenir vengeance pour ces quatre morts; mais le monarque répondit qu'il paroiſſoit que l'adminiſtration étoit aujourd'hui bien différente de ce qu'elle étoit ci-devant, & que des militaires voudroient être maîtres chez eux; que s'ils vouloient aller chez les François, il leur conſeilloit de ſe ſoumettre à leur police. Dès ce moment-là tout rentra dans le devoir; ils venoient à Mahé ſans être armés; je leur rendois la plus grande juſtice; ils étoient fort contents.

Cependant Ali-raja, toujours actif, ne vouloit point me faire la guerre, mais croyoit pouvoir, ſans égard pour nos privileges, enlever le poivre du royaume de Cartenatte par la riviere de Cotte, dont j'ai déjà parlé. J'ai même dit que j'avois envoyé une corvette armée avec deux chaloupes pour en empêcher la ſortie. Il y en envoya douze ou quinze également armées ſous le pavillon d'Eider-ali-kan, de qui il étoit l'allié, ſous prétexte qu'elles appartenoient à ce Prince, afin de prendre tout le poivre qu'il pourroit emporter. L'officier qui y commandoit, dit au chef de cette flotte qu'il ne permettroit jamais qu'il en ſortît ; que tels étoient ſes ordres & nos privileges, mais que s'il en vouloit acheter, il pouvoit aller à Mahé, où nos marchands lui vendroient ce que la Nation Françoiſe n'auroit pu prendre. On lui répondit qu'on en prendroit ſans le conſulter. L'officier m'en rendit compte : je lui enjoignis de tenir toujours ferme, de confiſquer tout celui qui ſortiroit, de dire à la flotte que j'en écrirois au Général d'Eider-ali-kan, & que s'ils oſoient inſulter le pavillon, je les ferois foudroyer dès que la frégate du Roi, la *Belle Poule*, ſeroit de retour de Goa, d'où elle devoit revenir inceſſamment. Cela les contint. J'écrivis à Sirini-Vaſſeran que je ne pouvois croire que ce fût par ſon ordre que cette eſcadre eût oſé tenter de troubler nos droits ; que je voyois bien que le coup partoit de l'audacieux Ali-raja, petit chef des Mapelets, que je mépriſois ſi fort, que je ne me donnerois pas la peine de lui adreſſer ma plainte, lui diſant que toutes ces menaces, bien loin de m'intimider, me faiſoient pitié, mais que c'étoit à lui, que je croyois juſte, & de nos amis, que je demandois juſtice. Il me fit la réponſe la plus obligeante, me marquant qu'il venoit lui-même de ce côté-là ; qu'il avoit donné de ſi bons ordres, que j'aurois tout lieu d'être ſatisfait. La flotte diſparut le même jour ; & l'honneur & les intérêts de la Nation furent maintenus.

Dans le même temps à peu

près, une frégate & un gros vaiſſeau marchand Portugais vinrent mouiller dans la rade de Tallichery, chez les Anglois. Le vaiſſeau marchand vint à Mahé; le capitaine & tous les officiers ſe rendirent au gouvernement l'après-midi, pour me faire une viſite : je les reçus de mon mieux, leur offrant à tous ma maiſon, & tout ce qui dépendoit de moi pour tout le temps qu'il leur plairoit de reſter dans la colonie; je leur offris d'engager tous nos marchands à leur fournir la quantité de poivre dont ils auroient beſoin. Ils me remercierent beaucoup, & le capitaine me dit que, quant à cette denrée, il étoit convenu avec les marchands de Balgaret (toujours par la riviere de Cotte) d'en prendre une cargaiſon. Je lui dis qu'il y trouveroit quelques difficultés, attendu que la France ayant le privilege excluſif de faire tout le commerce de ce royaume, j'avois établi une ronde par mer, afin d'en empêcher la ſortie par ailleurs que par Mahé, mais que ne pouvant prendre dans ce moment-ci le tout, je permettois que les étrangers vinſſent s'y pourvoir quand la Nation en étoit pourvue. Il me répondit qu'il ne connoiſſoit pas ces privileges. Je lui dis qu'il ne pouvoit plus les ignorer dès que je les lui avois annoncés. Il repliqua qu'il étoit négociant; qu'il ne pouvoit parler qu'en cette qualité; qu'il alloit dans cette rade, & recevroit à ſon bord ce qu'on lui apporteroit. Je lui répondis avec indignation que s'il ne ſavoit parler qu'en négociant, je ne ſavois répondre qu'en militaire, à coups de canon; que ſi j'avois la frégate du Roi, que j'attendois tous les jours, je les ferois couler à fond. Il fut intimidé de ma réponſe, ſe proſterna, & baiſa le bas de mon habit, me faiſant mille ſoumiſſions. Il me dit enſuite qu'il avoit appris que je faiſois de très-belles fortifications : il me demanda la permiſſion de les aller voir. Je le lui permis avec plaiſir : j'ajoutai qu'il verroit que je ſerois bientôt en état de protéger les amis de la Nation, & de punir les inſolents qui oſeroient faire la moindre entrepriſe contre ſa gloire.

Il avoit avec lui ſon aumônier, qui avoit l'air d'un fat, quoiqu'il n'en eût certainement pas l'étoffe : il lui diſoit en Portugais, que j'entendois fort bien, de ſe retirer, attendu que je prenois un ton bien impérieux. Je lui répondis : Je crois, Monſieur l'Abbé, que vous ne défendriez pas auſſi bien les intérêts de Dieu que je défends ceux de mon Roi. Il fut conſterné. Ils prirent enfin congé, allerent voir mes fortifications, & retournerent, ſur le ſoir, à leur bord.

Je me doutai bien qu'ils iroient à Balgaret ; je fis en conséquence armer deux autres chaloupes , dans chacune desquelles je mis quinze soldats ; je les fis partir à l'entrée de la nuit , dans le plus grand secret ; je les envoyai pour renforcer ma ronde , prévenant l'officier qui la commandoit, que j'avois la certitude qu'il devoit sortir du poivre de cette riviere pendant la nuit ; qu'il eût à se tenir sur ses gardes , s'approchant le plus près qu'il pourroit , & qu'il tâchât de faire quelque capture , afin d'intimider par-là les marchands.

Ce que j'avois prévu arriva. Le vaisseau alla mouiller tout près de l'embouchure de la riviere. Quelque temps après , il sortit une vingtaine de bateaux chargés de poivre , sur lesquels la ronde cria : *Qui vive ?* Ils répondirent tout franchement qu'ils portoient du poivre au vaisseau Portugais , & qu'ils iroient en dépit d'eux. Il faut obſerver que le vaiſſeau étoit armé de plus de vingt gros canons , qu'ils croyoient faits pour les défendre. On leur cria de la corvette de venir à bord ; leur réponſe fut une douzaine de coups de fuſils tirés tous enſemble , ce qui tua un de nos matelots Indiens & en bleſſa un autre. Auſſi-tôt les quatre chaloupes firent un feu d'enfer ; la corvette tira tout ſon canon ; on courut ſur les bateaux , qui rentrerent auſſi - tot dans Balgaret , ſans oſer tirer davantage. On en prit quatre , que je fis vendre pour le compte du Roi , ainſi que le poivre qu'ils contenoient , ce qui fut conſidérable. Le vaiſſeau Portugais appareilla ſur le champ , & s'en revint à Tallichery , ſans rien emporter que la honte d'avoir échoué dans ſon projet.

Le lendemain , j'écrivis de la maniere

niere la plus forte au commandant de la frégate du Roi de Portugal, lui marquant combien j'étois indigné du peu de respect qu'il témoignoit pour nos privileges ; que nous n'allions point troubler les leurs à Goa, & qu'il étoit pitoyable qu'un de ses vaisseaux osât pousser l'audace jusqu'à vouloir s'opposer aux droits d'un aussi grand Roi que celui de France ; lui marquant que je les soutiendrois avec force & dignité. Il me répondit tout de suite de la maniere la plus satisfaisante ; & son vaisseau eut recours aux Anglois pour faire sa cargaison.

Tout le temps que j'ai resté en place, nos privileges ont été maintenus dans toute leur vigueur, & le pavillon du Roi respecté ; ce qui me donna la plus grande considération chez tous les Princes du pays, qui vouloient tous faire alliance avec moi, m'assurant qu'ils me donneroient argent & ſoldats pour toutes les entrepriſes que je voudrois faire ; ce fut au point que le Roi de Travencour, dont les états ſont au Cap Comorin, plus ſur la côte de Coromandel que ſur celle de Malabar, à plus de cent lieues de Mahé, m'envoya des ambaſſadeurs. Eider-ali-kan en fit de même, ainſi que Sirini-Vaſſeran, ſon Général. Voyant la maniere dont je me conduiſois, & la juſtice dont je ne m'écartois jamais, ils devinrent ſi bien mes amis, qu'ils m'écrivirent on ne peut pas plus ſouvent, pour me demander mon amitié & la protection de la France. J'ai conſervé toutes ces lettres.

Peu de temps après, j'eus ordre de remettre le commandement (le 4 Mai 1774), & je ſuis revenu en France, toujours convaincu qu'on pourra faire les plus grandes choſes dans l'Inde, quand on ne s'occupera que des affaires de l'état, & qu'on n'aura que des vertus. C'eſt même une erreur de penſer qu'il y faille apporter beaucoup d'argent; cela n'eſt pas néceſſaire : il abonde dans le pays ; & tout le monde ſait que les Indiens le cachent même dans la terre. La choſe eſt toute ſimple : c'eſt un pays rempli de petits tyrans qui vexent leurs peuples ; ceux-ci cachent leur or, parce que leurs maîtres le leur prendroient. Les petits Souverains le font auſſi, parce qu'ils craignent les plus puiſſants : par conſéquent, il eſt naturel de penſer qu'une puiſſance Européenne, qui eſt toujours redoutable dans ce pays-là, qui ne voudroit s'occuper que du bonheur commun, trouveroit des reſſources immenſes, attendu qu'il n'eſt perſonne qui ne donnât avec plaiſir une partie de ſon revenu pour jouir paiſiblement du reſte.

Il y a une quantité de bras excellents, mais il n'y a pas une tête : ainſi je ſuis fermement convaincu qu'il ne faudroit dans ce pays qu'un homme habile pour le changer totalement de face. Je ſuis même perſuadé que les Anglois ont eu la plus mauvaiſe politique du monde de chercher encore à faire de nouvelles conquêtes, après nous avoir pris toutes nos poſſeſſions : ils ont cru, dans le premier moment où ils ont été emportés par l'orgueil de leur victoire, pouvoir en impoſer davantage à tous ces peuples ; ils ſe ſont trompés. Qu'en eſt-il arrivé ? Qu'ils ont diminué leurs forces Européennes, qu'ils n'ont pu remplacer ; qu'ils ont accru le nombre de leurs ennemis, & qu'ils nous ont mis dans le cas d'être regrettés, parce qu'au moins nous pouvions tenir dans l'Inde une eſpece de balance.

Aussi ne douté-je pas un instant que le moment seroit on ne peut pas plus favorable pour reprendre tout ce que nous avons perdu, & pour faire alliance avec les Marattes, seule puissance formidable dans l'Inde, & qui de tous les temps a recherché notre amitié.

Nota. *On sera sans doute surpris de voir* Eider-ali-kan *faire la guerre à nos alliés, quoiqu'il nous doive son existence : car il étoit simple caporal Cipaye à Pondichery, & c'est nous qui l'avons fait ce qu'il est pour nous servir. J'en ai été surpris moi-même ; mais on me permettra de garder le silence sur cet objet, ne voulant que donner simplement la relation de ce que j'ai fait.*

FIN.

www.ingramcontent.com/pod-product-compliance
Ingram Content Group UK Ltd.
Pitfield, Milton Keynes, MK11 3LW, UK
UKHW012230240726
13966UKWH00003B/1046

9 782012 876545